Tuniverso
Guía breve sobre la ciencia moderna

Elsie Burch Donald

Tuniverso

Guía breve sobre la ciencia moderna

¿Qué eres? ¿Quién eres? ¿Hacia dónde vas?

Traducción de Dulcinea Otero-Piñeiro

Alianza editorial
El libro de bolsillo

Título original: *Youniverse: A Short Guide to Modern Science*
Revisión científico-técnica de la traducción: David Galadí-Enríquez

Diseño de colección: Estrada Design
Diseño de cubierta: Manuel Estrada
Fotografía de Javier Ayuso

PAPEL DE FIBRA
CERTIFICADA

Copyright © Elsie Burch Donald, 2021
© de la traducción: Dulcinea Otero-Piñeiro, 2024
© Alianza Editorial, S. A., Madrid, 2024
Calle Valentín Beato, 21
28037 Madrid
www.alianzaeditorial.es
ISBN: 978-84-1148-559-3
Depósito legal: M. 57-2024
Printed in Spain
Si quiere recibir información periódica sobre las novedades de Alianza Editorial, envíe un correo electrónico a la dirección: alianzaeditorial@anaya.es

Índice

Nota de la autora

Tuniverso ofrece una breve introducción a los fundamentos de la ciencia moderna, pero también es una guía de viaje. Describe en términos sencillos, y hasta donde permite llegar el conocimiento actual, el mundo del que formas parte inseparable: qué es, cómo funciona y, lo más importante, qué lugar ocupas en él. Es el libro que me habría gustado tener cuando yo misma emprendí este viaje por primera vez.

Los temas que aborda son la Gran Explosión *(Big Bang)*, la materia, la energía, la física de partículas, la biología, la evolución y el futuro de la tecnología. Emplea un lenguaje sencillo, con la información repartida en bocados digeribles y capítulos breves, y no contiene terminología científica ni fórmulas.

La ciencia abarca un territorio prodigioso en el que puedes viajar en el tiempo y en el espacio, es el mundo de lo increíblemente grande y lo inconcebiblemente pequeño. Por eso es importante que le dediques tiempo. Este libro es breve, pero el universo no se recorre en un día. Confío en que la información que encontrarás en él te resulte clara, aunque, como sucede con cualquier guía de viajes, es mucha la que se da aquí y tal vez necesites releer algunos pasajes para retenerlos.

El cerebro humano actúa como un filtro. Cuando recibe información nueva puede plantarse como un poni temeroso que se resiste a dar un salto o cerrarse de golpe como una almeja. Así que te daré un consejo. Es mejor digerir cada capítulo de uno en uno. Si algo te parece difícil, te recomiendo hacer un descanso y que vuelvas a intentarlo más tarde. Tal vez te ayude leer el resumen sucinto que figura al final de cada capítulo y después releer la parte «difícil». La bruma se desvanecerá de golpe y la claridad será absoluta. Las palabras no habrán cambiado, pero tu cerebro sí. La relectura le habrá permitido establecer referencias, encontrar algunas conexiones y preparar la mente para asimilar lo nuevo.

Todos los capítulos han sido revisados por especialistas destacados en cada materia, aunque cualquier error que haya podido deslizarse es mío. He procurado presentar los temas con claridad y allanar el camino para que resulten accesibles y, además, entretenidos. La redacción de este libro, así como las indagaciones que he efectuado para confeccionarlo, me han reportado un placer inmenso que espero transmitirte y contagiarte.

Prefacio

Al principio, unos 14 000 millones de años atrás, hubo una «explosión» masiva que creó el universo o, más exactamente, puso en marcha su desarrollo. Algunos cosmólogos creen que este suceso, conocido como Gran Explosión (o *Big Bang*), no fue algo único, sino uno más de varios episodios sucesivos de este tipo con los que un universo siguió a otro y luego a otro, como una serie de explosiones a modo de muñecas rusas. Nuestro universo solo es el que existe ahora, o tal vez uno de los muchos existentes en un vasto multiverso insondable. Otras personas creen que el universo pudo renacer después de contraerse sobre sí mismo en una existencia anterior, y volver a emerger de nuevo, como una planta a partir de sus semillas o un balón descontrolado que rebota sin fin. Algunas sostienen que emergió de un agujero negro, mientras que otras defienden que lo desencadenó el dedo de Dios accionando el gatillo una o varias veces seguidas a lo largo del tiempo.

Aunque existe controversia entre la comunidad científica sobre estas primeras microfracciones de segundo del universo, en general se admite que la Gran Explosión liberó una concentración infinitesimal e hiperdensa de energía que al cabo de miles de millones de años se agregó y formó las estrellas, los planetas y las galaxias de nuestro universo y, con el paso del tiempo, también a ti.

El tema de este libro es una exposición breve de cómo sucedió todo esto: la estructura de las estrellas y la materia, la misteriosa aparición de la vida y la llegada del ser humano, la interconexión entre todas las cosas del planeta y el lugar que ocupas en él.

Para qué tomarse esa molestia, suele preguntarse la gente. Bastante cuesta ya estar al tanto de las noticias y los sucesos cotidianos. Hoy en día tenemos más información de la que podemos asimilar. El hombre del Renacimiento conocía la mayor parte de lo que había que saber porque tampoco era tanto. Ahora tenemos que recurrir a especialistas en medicina para el cuerpo, en psiquiatría y neurología para el cerebro, en mecánica para el automóvil, en informática para los aparatos electrónicos, y en astronáutica, cosmología y ciencia ficción para el espacio exterior. Lo único que no tenemos, y realmente deseamos, es un asistente doméstico robotizado.

Pero si tú has comprado este libro, lo más seguro es que lo veas de otro modo. Quizá seas una persona curiosa. La naturaleza humana nos empuja a buscar patrones y resolver enigmas. La curiosidad y el asombro son algo innato, así como el deseo de aprender. Además, nos gusta modificar y hasta dominar lo que nos rodea, ya sea animado o inanimado, y conversar, a veces incluso de manera responsable, sobre asuntos polémicos. La juventud más aventurera incluso ansía empresas audaces y nuevos mundos por descubrir y hasta por conquistar. Ese es el territorio de la ciencia.

¿Te mudarías a una casa sin saber de qué está hecha o cómo funciona lo que tiene dentro, como haría un insecto o un ratón? El universo te aloja en un rincón minúsculo. Te conforma la misma materia que hay en él. Dependes de él por completo para alimentarte, calentarte, alumbrarte y reparar tu cuerpo. Cada pocos años el cuerpo se regenera con material nuevo procedente del universo que se personaliza y encaja donde debe con una precisión asombrosa, siguiendo un patrón dictado por el ADN particular de cada cual. Eres una célula del tejido universal. Y, al morir, el universo volverá a absorberte.

Pero justo ahora se da el hecho maravilloso de que eres una entidad casi independiente de esa amalgama universal. Eres un yo capaz de mirar a tu alrededor y de captar el mundo variable del que formas parte, tal vez de imprimirle algunos cambios y, al mismo tiempo, de saber algo sobre qué eres, quién eres y hacia dónde os dirigís tanto tú como tus genes. Dispones de cinco sentidos y del preciado don de la consciencia para sacarle el máximo jugo a la vida mientras puedas.

¿Qué eres?

1. Génesis

Unos 13 800 millones de años atrás, el universo en ciernes era una mancha diminuta del tamaño de una fracción de una partícula nuclear. Tenía una densidad extrema y una temperatura increíblemente elevada. De repente, a partir de ese nanohuevo sobrecalentado estalló una bola de fuego que en un abrir y cerrar de ojos dobló su tamaño diez mil billones de billones de veces y creó los elementos constitutivos esenciales que conforman todos los objetos del universo, así como el tiempo y el espacio.

Una diezmilésima parte de un segundo después de la Gran Explosión, cuando la temperatura de la bola de fuego en expansión empezó a descender, el universo se había convertido en una masa caótica de radiación (luz) y partículas subatómicas en colisión que se aniquilaban entre sí en una violenta pugna que duró los siguientes 380 000 años.

Para entonces, cuando todo se había calmado hasta situarse a la temperatura actual de la superficie del Sol, las partículas diminutas se estabilizaron y empezaron a aglutinarse, lo que dio inicio a la formación de las estrellas y los planetas.

Estrellas

Las primeras estrellas emergieron unos 200 millones de años después de la Gran Explosión. Se formaron en el interior de densas nubes de gas hidrógeno y helio, el caldo primordial del universo primitivo. Tardaron millones de años en surgir, pero pocos minutos después de la Gran Explosión, grandes cantidades de gas hidrógeno se convirtieron en helio en un proceso que liberó, como residuo, energía en forma de luz y calor. Este mecanismo de fusión nuclear es el mismo que calienta las estrellas y las hace brillar, pero también permite crear bombas nucleares.

Las estrellas permanecen estables equilibrando el empuje hacia fuera que ejerce la energía nuclear y el empuje hacia dentro debido a la atracción gravitatoria. Pero cuando se agota el hidrógeno que propulsa las estrellas, ese equilibrio empieza a desaparecer. Al final se impone la gravedad, y la estrella se contrae sobre sí misma (se colapsa) o, si es realmente grande, explota.

Las primeras estrellas del universo eran descomunales, cientos de veces más grandes que nuestro Sol. Pero fueron muy efímeras debido a su inestabilidad, e inmensamente beneficiosas. La mayoría de los elementos que conforman el universo se cocinó en el interior de estos astros. Al estallar lanzaron al universo los materiales necesarios para gestar varias generaciones de estrellas nuevas, junto con los elementos esenciales que te forman a ti y todo lo que te rodea: carbono, nitrógeno, oxígeno y hierro.

Las estrellas son las madres del universo. Y tú también eres polvo de estrellas.

El *Sol* es uno de los más de 100 000 millones de estrellas que pueblan nuestra Galaxia. Unos 5000 millones de años atrás una acumulación de nubes de gas y polvo empezó a girar cada vez más deprisa por efecto de la gravedad y se aplanó hasta adoptar la forma de un disco. La mayor parte del material que gravitó hacia el centro del disco se acumuló como se ha descrito más arriba y dio lugar al Sol. El material sobrante que siguió girando alrededor de la estrella recién formada se convirtió en los planetas, los satélites y los asteroides del Sistema Solar, objetos demasiado pequeños para emitir luz y que se conformaron con la gloria de limitarse a reflejarla.

El núcleo fundido del Sol actual se encuentra casi a la misma temperatura que tenía el universo de unos pocos minutos de edad. Gran parte de lo que ocurre en su interior también es igual. La fusión nuclear mantiene los gases calientes y sometidos a una presión inmensa. Esto libera radiación en forma de luz. La luz tarda miles de años en viajar desde el núcleo del astro hasta la superficie en un recorrido zigzagueante en el que experimenta numerosas colisiones. Pero una vez que los rayos se abren camino hasta el exterior, alcanzan la Tierra, situada a 150 millones de kilómetros de distancia, en tan solo ocho minutos.

El Sol ya ha consumido la mitad de su combustible de hidrógeno. Esto significa que ha llegado a la mitad de su existencia. Cuando ya no consiga mantener el equilibrio entre el empuje del hidrógeno y el de la gravedad, sufrirá una implosión. Cuando esto suceda, los materiales que contiene serán devueltos al espacio, reciclados, para formar estrellas nuevas, aunque no habrá nadie para presenciarlo.

Enigma

En 1998 se logró un descubrimiento extraordinario. Los cosmólogos observaron de manera inesperada que el universo se estaba expandiendo a gran velocidad. Es más, el ritmo de la expansión se estaba acelerando: las galaxias se alejaban cada vez más unas de otras. En resumen, la gravedad no estaba haciendo su trabajo: las cosas se separaban en lugar de tender a juntarse. Aquello desconcertó a los científicos. ¿Estaría actuando alguna otra fuerza o potestad más intensa? Nadie tenía ni idea, pero algo estaba venciendo la fuerza dominante de la gravedad.

La misteriosa fuerza, apodada «energía oscura», se sumó a la propuesta previa de que existe una materia oscura igualmente misteriosa que es invisible porque no emite luz. Del mismo modo que la energía oscura explicaría que el universo se está separando, es posible que la materia oscura contribuyera a compactarlo en sus inicios.

Poner nombre a las cosas infunde una sensación mayor de control. Pero lo cierto es que, a pesar de todo lo que hemos descubierto sobre el universo hasta ahora (que alberga billones de estrellas y galaxias, de qué están hechas, cómo se comportan y mucho más), ahí fuera hay algo extraño y completamente distinto a lo que se conoce. Y es inmenso.

Esto ha llevado a una revisión radical de la composición del universo: ahora se estima que el 73 % del universo es energía oscura, y el 23 %, materia oscura. En otras palabras, solo conocemos el 5 % del universo. Como nosotros mismos estamos hechos de materia ordinaria, la energía y la materia oscuras se encuentran por ahora fuera de nuestro alcance en todos los sentidos.

En resumen:

- El universo conocido consiste en unas 3/4 partes de hidrógeno y alrededor de 1/4 parte de helio. Sin embargo, solo conocemos el 5 % de todo lo que conforma el universo.
- Las estrellas son hornos nucleares propulsados con hidrógeno. La mayoría de los elementos del universo se cocinó en su interior a lo largo de millones de años.
- Cuando una estrella fenece, los elementos forjados con su temperatura interior salen despedidos hacia el universo y se reciclan.
- Las estrellas crearon otras estrellas y casi todo lo que hay en el universo, o sea, también a ti.
- La energía oscura y la materia oscura conforman la mayoría del universo. En tiempos recientes se ha cartografiado dónde se encuentra la materia oscura, pero aún no sabemos qué es.

2. Materia y mortero

Cuando el obispo Berkeley decía:
«la materia no existe», y lo demostraba,
dejaba de importar sobre qué materia hablara.

Lord Byron

Si tenía algún sentido la afirmación del obispo Berkeley, no era ese precisamente. (Pero volveremos a esta cuestión más adelante). La materia, tal y como la conocemos, es la sustancia que compone todas las cosas que hay en el universo: microbios, insectos, plantas, animales, personas, máquinas, montañas, océanos, planetas, galaxias, todo lo físico. La materia es material. Es todo lo que tiene masa y ocupa espacio. Pero, ¿qué es eso, si hay materia de tantos tipos diferentes?

En el siglo IV a. C., el filósofo griego Demócrito proclamó que todo en el universo consiste en combinaciones de una sola mota indivisible que él llamó *átomo*: «indivisible». (Es posible que adquiriera la idea durante su visita a la India)*. Decía Demócrito que los átomos solo

---

* El concepto, atribuido al sabio hindú Aruni, aparece en los textos Upanishad del año 800 a. C.

tienen la cualidad de la forma. Se empujan y tiran continuamente unos de otros y se unen de maneras diferentes para crear cosas distintas. Son como un alfabeto, donde la combinación de las mismas letras de maneras diversas da lugar a innumerables relatos y expresiones.

Dos mil años después, el joven Albert Einstein confirmó la teoría de Demócrito en un acto brillante de pensamiento matemático. Según él, todo se compone de hecho de partículas diminutas que forman los elementos constitutivos esenciales del universo.

Eso ocurrió en 1905. Desde entonces hemos afinado la vista para ver más allá y, aunque los átomos siguen siendo los elementos constitutivos universales, lo cierto es que no son indivisibles. Ahora sabemos que cada átomo está compuesto por tres partículas subatómicas: *protones, neutrones* y *electrones*. Los protones y los neutrones están ligados entre sí dentro de un núcleo central muy reducido, tal como se muestra en la figura. Y están formados a su vez por tres partículas aún más pequeñas llamadas *cuarks*. Los singulares electrones, más ligeros pero de una trascendencia enorme, rodean el núcleo atómico.

Los átomos suelen contener el mismo número de protones y de electrones.

El mundo atómico es microminúsculo. En promedio, el átomo es un millón de veces más fino que un cabello humano. Y, por si te lo estabas preguntando, se estima que en la cabeza de un alfiler caben 5 billones de átomos de

Átomo

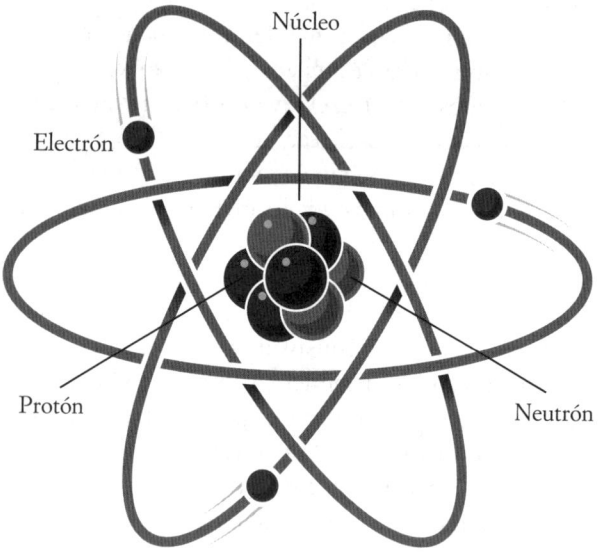

Figura 1. El átomo, el elemento constitutivo más esencial de la materia, consiste en un núcleo rodeado de las partículas conocidas como electrones.

hidrógeno. Es más, si se ampliara un átomo hasta el tamaño de un campo de fútbol, el núcleo sería como un guisante. Sin embargo, a diferencia de los estadios de fútbol, el 99.9 % de los átomos es espacio vacío.

Lo más importante es que los átomos tienen una vertiente eléctrica. Los protones tienen carga positiva, y los electrones, carga negativa. Los neutrones, como su nombre indica, son neutros. Añaden masa. Como las cargas positivas y negativas se anulan mutuamente, el átomo de por sí es neutro y, por tanto, estable. Puede interaccionar con otros átomos y crear estructuras mayores.

Todos los elementos atómicos de construcción necesitan un mortero que los mantenga unidos. Este trabajo lo realizan las *cuatro fuerzas fundamentales* (que se cree que aparecieron poco después de la Gran Explosión).

Y no hay más. Básicamente, todo lo que hay en la Tierra es un conglomerado de protones, neutrones y algunos electrones volantes que se mantienen unidos gracias a cuatro fuerzas fundamentales. Eso eres, en resumidas cuentas. Sin embargo, en todo su conjunto, tu cuerpo consiste en varios miles de billones de billones de átomos que, no lo olvidemos, están vacíos en un 99.9 %. Y la mayoría de ellos se reemplaza cada año.

Construcción de materia desde cero

¿Cómo es posible que unas pocas partículas simples sean las artífices de las complejidades de un cuerpo humano y, no digamos ya, de cada uno de los objetos que hay en el universo?

El asunto es como sigue. Hay átomos de distintos tipos. Cada conjunto formado por un solo tipo de átomo recibe el nombre de *elemento*. El número de protones determina qué elemento es ese átomo y, por tanto, qué material formará. Por ejemplo, si un átomo tiene 6 protones es el elemento carbono, por lo que creará sustancias carbonadas: los diamantes son carbono puro. Si un átomo posee 7 protones, será el elemento nitrógeno, y si tiene 8 protones, es oxígeno.

En total se conocen 118 elementos. Cada uno tiene su propio nombre, masa y tamaño, y todos están clasificados de acuerdo con el número de protones que portan en una lista denominada tabla periódica de los elementos, que es la Biblia de cualquier especialista en química.

Tu cuerpo está formado por tropecientos átomos, pero tan solo unos 40 elementos. Tal como se indica en el capítulo 1, todos ellos se cocinaron a presión en el seno de las estrellas hace miles de millones de años y se liberaron al espacio cuando esos astros explotaron. Penetraron en tu cuerpo sobre todo a través de la respiración y del consumo de vegetales, así como de animales que se han alimentado de plantas.

Un conglomerado de elementos diferentes da lugar a lo que se conoce con el atinado nombre de un *compuesto*. El dióxido de carbono es un ejemplo de ello. Cada molécula está formada por 1 átomo de carbono y 2 de oxígeno (lo que se representa por escrito así: CO_2). Los elementos y los compuestos conforman toda la materia que existe.

Una ojeada más de cerca

La materia existe en tres estados: sólido, líquido y gaseoso. Y hay tres rasgos que son cruciales para formarla: las cuatro fuerzas fundamentales, mencionadas más arriba, los enlaces químicos (el pegamento) y el extraño comportamiento de los electrones, enormemente importante, pero disparatado.

Las cuatro fuerzas fundamentales

Las cuatro fuerzas fundamentales gobiernan el universo. Cada una de ellas cuenta con una o más «partículas portadoras» para acarrearlas.

La *fuerza nuclear fuerte* mantiene unidos los cuarks del átomo y da cohesión al núcleo. Es miles de veces más intensa que la gravedad, pero solo actúa a distancias extremadamente cortas. La partícula que la acarrea se llama gluon. Solo los cuarks y los gluones perciben la fuerza fuerte.

La *fuerza nuclear débil* afecta a toda la materia. Ayuda a fusionar hidrógeno para producir helio en el Sol. (Lo que, por cierto, libera unas partículas diminutas llamadas neutrinos. Miles de millones de ellos están pasando a través de tu cuerpo mientras lees esto). La fuerza débil también contribuye a que las cosas se desmoronen (véase desintegración radiactiva, en la página 212). La acarrean las partículas denominadas bosón W y bosón Z.

La *fuerza electromagnética* aúna todas las fuerzas eléctricas y magnéticas. Mantiene los electrones dentro de los átomos y contribuye a enlazar átomos para formar estructuras mayores. La acarrean los fotones, las unidades básicas de la luz.

La *gravedad,* la fuerza más conocida de todas, hace que las acumulaciones grandes de materia se atraigan entre sí. Causó la formación de las estrellas y los planetas, así como la caída de aquella supuesta manzana sobre la cabeza de quien la descubrió: Isaac Newton. Su partícula portadora, el gravitón, es en realidad un ente teórico y de momento no se ha visto nunca. Si no existiera, la física teórica podría tambalearse muy seriamente.

Los *enlaces químicos* unen los átomos entre sí. El trabajo lo hacen los alocados electrones. Así que, antes de continuar, echemos una ojeada a estas partículas subatómicas fundamentales.

Los *electrones* son algo casi increíble. Estas pequeñas criaturas prácticamente no pesan. Solo representan el 0.05 % de la masa de un protón, no tienen una posición medible y solo se manifiestan, o incluso hay quien dice que solo existen, cuando interaccionan. Aun así, sabemos bastante sobre ellos, y su comportamiento es crucial para la química, la biología y la diversidad de la materia.

Los electrones habitan en lo que se conoce como «nubes», donde se encuentran en movimiento continuo y hasta girando en más de una dirección al mismo tiempo, según dicen. Estas nubes de electrones rodean el núcleo del átomo a distancias fijas, como planetas en órbita alrededor del Sol. Cada nube tiene un nivel particular de energía y contiene el número de electrones acorde con el elemento que conforma ese átomo. Solo los electrones situados en la nube más alejada del núcleo del átomo (los más exteriores, o de valencia) intervienen en los enlaces químicos.

Enlaces químicos

Hay dos tipos principales de enlaces químicos: los covalentes y los iónicos.

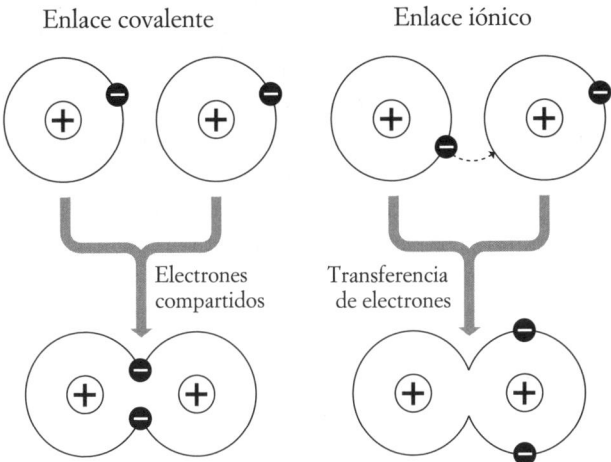

Figura 2. Los enlaces covalentes consisten en dos átomos que comparten un electrón. Los enlaces iónicos se establecen con la transferencia de electrones de un átomo a otro. Los círculos negros representan los electrones, que tienen carga negativa.

Los *enlaces covalentes* crean tanto elementos como compuestos. Se producen cuando dos átomos que comparten un electrón crean un enlace superpuesto, tal como se muestra en el diagrama.

Una *molécula* es un elemento o un compuesto de átomos unidos por un enlace covalente.

Los *enlaces iónicos* se forman mediante la transferencia de electrones de un átomo a otro, tal como se muestra en la figura. Esto da lugar a *compuestos iónicos* (los compuestos iónicos nunca son moléculas). Pero, ¿qué es un *ion*? Es un átomo con un número diferente de electrones y de protones, por lo que posee carga eléctrica y es inestable. Pero la ventaja es que, como las cargas opuestas se atraen, otros iones están dispuestos a unirse a él. Esto facilita la formación de materia. La capacidad de un átomo para reorganizar sus piezas y formar moléculas y compuestos iónicos permite la creación de una variedad infinita de materiales nuevos.

En resumen, la materia se forma uniendo entre sí átomos del mismo tipo para formar un elemento. O ensamblando elementos distintos para formar un compuesto.

Enlace: para que puedan formarse enlaces nuevos deben romperse los anteriores. Para ello se utiliza la energía almacenada en los propios enlaces. Pero romper un enlace puede liberar más energía de la necesaria para rehacerlo, y esto es importante. De repente hay energía libre disponible para destinarla a otros usos, tal como verás en el próximo capítulo.

En resumen:

- El universo está gobernado por cuatro fuerzas fundamentales acarreadas por partículas portadoras especiales.
- Los átomos, los elementos constitutivos esenciales de la materia, consisten en protones, neutrones y algunos electrones arremolinados a su alrededor.
- Un átomo estable tiene carga eléctrica neutra. No tiene ninguna carga.
- Existen distintos tipos de átomos llamados elementos que vienen definidos por el número de protones que poseen. La mayoría de los elementos se cocinó en el seno de las estrellas miles de millones de años atrás.

- Cuando se unen diferentes tipos de átomos, forman un compuesto.
- Los átomos se ligan a través de enlaces químicos. Esto implica ceder electrones a otro átomo, quitárselos o compartirlos con él.
- Romper un enlace puede dejar energía libre.
- El enlace químico de elementos y compuestos permite la construcción de todos los materiales conocidos y crea posibilidades para que se formen otros nuevos.

3. Movimiento y temblor

Todo lo que sube ha de bajar.

(Atribuido a sir Isaac Newton)

En 1513, Vasco Núñez de Balboa llegó al océano Pacífico y reclamó para España el mar que acababa de descubrir. Parece descabellado o, en el mejor de los casos, un deseo exagerado de ganarse el favor de su poderoso rey. Pero Núñez de Balboa sabía que los mares son valiosos. Procuran alimento y también sendas que nunca hay que reparar. De no haber perdido por completo la sesera, este conquistador infatigable podía haberse propuesto asaltar China como siguiente empresa. Pero se interpuso la decapitación.

Núñez de Balboa era un hombre excepcionalmente enérgico, y el Pacífico es, a pesar de su nombre, un océano excepcionalmente enérgico. Tal vez parezca inverosímil que tanto las cosas animadas como las inanimadas poseen energía, pero así es.

Energía

La energía se define como la capacidad para realizar trabajo: provocar movimiento y hacer que ocurran cosas. En este sentido, se trata de una idea abstracta. Y reflexionando un poco también tú habrías llegado a esta conclusión, pero hay algo más.

En primer lugar, la energía no se crea ni se destruye; siempre se conserva. Es una ley de la naturaleza.

En segundo lugar, la energía es intercambiable. Es algo invisible capaz de adoptar formas diversas y de transferirse o cambiar de una a otra.

Las energías química, radiante (luz), térmica (calor), mecánica, eléctrica y nuclear nos son familiares. Pero, en general, hay dos categorías básicas de energía: la *cinética* (la energía del movimiento) y la *potencial* (la energía almacenada). Y todos los objetos poseen ambas.

Veamos un ejemplo. La comida que llevas almacenada en el organismo contiene energía potencial. Cuando usas algo de ella para moverte se transforma en energía cinética. Si le das una patada a un balón, transfieres tu energía cinética a ese objeto. A medida que el balón se desplaza por el aire, la fricción hace que pierda algo de energía. Cuando el balón se detiene, cualquier energía que quede en él estará almacenada en forma de energía potencial hasta que choque contra otro objeto.

El desplazamiento de la energía de un lugar a otro, con frecuencia cambiando de forma por el camino, suele producirse por caminos retorcidos e indirectos. Por ejemplo: el maíz que sirve de alimento a un pollo se almacena en su organismo en forma de energía potencial para que el animal se mueva y crezca. Si te comes ese pollo, descompones su carne mediante la digestión y la almacenas en forma de energía potencial para moverte y crecer.

Mientras sucede todo eso, inhalas oxígeno y exhalas dióxido de carbono con la respiración. Y el dióxido de carbono es absorbido por las plantas como, por ejemplo, el maíz.

Ayudados por la clorofila y el agua, los rayos de sol (*energía solar*) que inciden en las hojas del maíz convierten el dióxido de carbono en *energía química* que permite el crecimiento del maíz que servirá para alimentar pollos. Durante este proceso, denominado fotosíntesis, el maíz libera oxígeno como deshecho que tú inhalarás para seguir viviendo.

Toda la energía almacenada en tu organismo procede de las plantas, o de animales que se han alimentado de plantas. Empezó siendo energía solar liberada por reacciones nucleares en el interior del Sol hace al menos 100 000 años.

Las plantas actúan como intermediarias. Su conexión directa con el Sol las convierte en los seres vivos más importantes de la Tierra. Ellas son casi los únicos seres que fabrican su propio alimento. Todos los demás dependen de ellas para obtener oxígeno y comida, o sea, para vivir.

Una ojeada más de cerca

La energía de Núñez de Balboa, al igual que la tuya y la del pollo, era *energía química*. Esta se almacena en forma de energía potencial en los enlaces de moléculas y compuestos, descritos en el capítulo anterior.

La energía del océano Pacífico procede directamente del Sol en forma de *energía solar*. Los rayos del Sol calientan la superficie del agua, lo que almacena energía térmica potencialmente útil y produce vapor de agua que forma nubes. Este proceso alcanza proporciones muy significativas en los trópicos, y se ha llegado a afirmar que un pequeño porcentaje de la energía almacenada en los océanos podría bastar algún día para abastecer al mundo entero.

En la actualidad hay centrales eléctricas que utilizan las olas de los océanos para producir *energía mecánica* que genera *energía eléctrica* que te permite alumbrar la casa y poner en marcha el ordenador, el lavavajillas y el televisor.

Muchas formas de energía (la eléctrica, por ejemplo) necesitan un conductor para transportarla. Otras, como la energía radiante (luz), no necesitan nada de eso. La luz viaja a través del espacio sin necesidad de contar con la materia.

La *energía térmica* es energía cinética relacionada con el movimiento de átomos y moléculas. La temperatura es una medida de cuánta agitación tienen las moléculas. Cuanto más se agitan más se calienta la materia. Cuando el calor fluye de un cuerpo caliente a uno frío puede realizar trabajo: hervir agua dentro de un recipiente, por ejemplo. El calentamiento y el enfriamiento permiten que la materia cambie de estado. Pero durante la fusión, la ebullición, la congelación y la evaporación los átomos de la materia siguen siendo los mismos.

Los sólidos, líquidos y gases tienen niveles diferentes de energía. Los gases son los que tienen más energía de los tres, pero un sólido a una temperatura elevada tiene mucha más energía que un gas de baja energía.

Pero eso no es todo: cuando quemas madera en una chimenea, la energía potencial que tiene almacenada se convierte en tres formas nuevas: calor, sonido y luz (quema, cruje y alumbra). Y solo deja tras de sí un pequeño montón de ceniza.

Atención, pregunta: ¿qué pasa con el resto de la masa? Respuesta: se transformó en humo, es decir, en gas y vapor de agua. Solo los fragmentos que no llegaron a arder quedaron convertidos en cenizas.

Tal vez reflexionar sobre estos comportamientos ayudara al joven Albert Einstein a llegar a la extraordinaria y asombrosa conclusión de que en realidad la masa y la energía son intercambiables. En otras palabras, que la materia y la energía son, de hecho, dos formas diferentes de la misma cosa.

Einstein lo expresó de manera sucinta en su famosa ecuación: $E = mc^2$. La energía es igual a la masa multiplicada por la velocidad de la luz al cuadrado. Como la velocidad de la luz equivale a unos 300 000 kilómetros por segundo, la energía disponible en el núcleo de un átomo es algo descomunal: miles de millones de veces más potente que la energía química que rompe moléculas. ¡Pum!

No era nada nuevo que surgieran ideas impactantes sobre la materia, desde luego. En el siglo XVIII, el obispo Berkeley (mencionado con anterioridad en una mofa de Byron) había declarado que la materia no es algo real. Decía que los objetos materiales son creaciones del ojo y de la mente. (Platón y otros pensaban algo parecido). «Ser es ser percibido», decía Berkeley. Pero entonces surgió la siguiente pregunta: si nadie mira un objeto, ¿este deja de existir? El obispo filósofo salió de aquel atolladero diciendo que Dios siempre lo ve, lo que desencadenó nuevas chanzas en los siguientes versos a modo de quintillas satíricas (atribuidos al teólogo Ronald Knox):

> Cierto hombre veía dudoso
> que gustara al todopoderoso
> que algún árbol existiera
> sin haber nadie que lo viera
> clavado en su jardín frondoso.

> «Buen hombre, cambie de relato:
> soy Dios y digo y constato
> que estoy en esta parcela
> donde el árbol se revela
> pues lo hago existir todo el rato».

De pronto, la materia era energía y viceversa. Los átomos lo conformaban todo, pero siempre en flujo constante. Eso implica que la materia del cuerpo humano se reemplaza cada pocos años. Si la energía es una idea abstracta, ¿no podría serlo también la materia, tal como había planteado el obispo Berkeley?

Los eminentes físicos del siglo XX Niels Bohr y Werner Heisenberg plantearon la posibilidad de que la materia no fuera real. Su insigne compañero Erwin Schrödinger defendía que sí lo era. Ambos puntos de vista se consideraron aceptables. La realidad estaba experimentando la mayor sacudida desde que Isaac Newton estableció las leyes de la gravitación y del movimiento en el siglo XVII. La física cuántica había llegado.

En resumen:

- La energía se define como la capacidad para realizar trabajo. Tiene dos categorías: la almacenada (energía potencial) y la del movimiento (energía cinética).
- La energía existe en formas diversas que pueden transferirse o transformarse unas en otras.
- La materia puede liberar energía mediante la ruptura de enlaces químicos y con reacciones nucleares.
- La energía y la materia del universo se conservan y son intercambiables.

Nota: Si has entendido estos tres capítulos (aunque sea repasando algunos pasajes), sabrás en esencia qué es la materia, en qué consiste y cómo adquiere energía para crear cualquier objeto físico del universo.

4. Un mundo nuevo

Hay más cosas en el cielo y la tierra,
Horacio, que las que
alcanza a concebir tu filosofía.

Shakespeare, *Hamlet*

Isaac Newton descubrió que hay leyes que gobiernan el universo y que una fuerza llamada gravedad nos permite mantener los pies firmes en él. Einstein interpretó la realidad de un modo muy distinto. Con una mirada imaginativa, casi de rayos X, vio el universo más allá de cualquier percepción sensorial, y las extrañas características que descubrió en él implicaron un replanteamiento de la naturaleza del universo que continúa desde entonces.

«La realidad es una mera ilusión, aunque una muy persistente», comentó Einstein con ironía en cierta ocasión. Pero en contraste con las reacciones que provocó la concepción análoga del obispo Berkeley, esta vez no hubo mofas. Casi todas las ideas y predicciones de Einstein han resultado ser acertadas.

A pesar de los rasgos revolucionarios de aquel universo, en general, el de Einstein era un mundo ordenado cuyas leyes garantizaban que ciertas cosas ocurrieran siempre en caso de darse las mismas circunstancias. Pero entonces se topó con una sorpresa. Siguiendo el hilo de las teorías que estaba desarrollando, llegó a una puerta extraña y totalmente inesperada que, por supuesto, abrió. Para su asombro, comprobó que había descubierto una casa de locos: un microuniverso de caos agitado y patas arriba, el país de las maravillas de la *mecánica cuántica*. La incredulidad se apoderó de Einstein. No pudo (no quiso) creerlo. Pero hoy es la norma.

Antes de echar una ojeada a ese mundo, consideremos por un instante los grandes pilares de la ciencia que erigieron los trabajos de Einstein, y sobre los que se asentó todo lo que vino después.

Cuentan que cuando el poeta francés Paul Valéry conoció a Einstein durante un cóctel, preguntó a aquel gran hombre cómo se las arreglaba para seguir el hilo de sus ideas. ¿Llevaba encima un cuaderno de notas, tenía algún sistema nemotécnico, las apuntaba a grandes rasgos en el puño de la camisa? Porque, le dijo Valéry, él mismo se había encontrado con ese problema.

Einstein se miró tímidamente los pies y, tras una breve pausa, respondió: «Yo solo he tenido dos ideas».

Su modesta alusión se refería, en primer lugar, a que los fotones (la luz), portadores de la fuerza electromagnética, no son ondas, sino partículas (idea que acabaría reportándole el Premio Nobel). La segunda idea apareció en un artículo teórico titulado «Relatividad especial» que se publicó en 1905. Tal como indica el término *rela-*

tividad, aquel texto contenía las predicciones desestabilizadoras que, junto con su continuación, la «Relatividad general» (1915), harían tambalearse la tierra firme newtoniana. Ambos artículos contradecían el sentido común, y aún lo hacen.

En resumen: la *relatividad especial* trata sobre el espacio y el tiempo, mientras que la *relatividad general* trata sobre gravedad.

Einstein proclamó que tanto el tiempo como el movimiento son relativos. Los objetos solo se mueven en relación con otros objetos. De modo que el movimiento depende del punto de vista: del lugar donde estés o cómo te muevas en relación con otro objeto, o el otro objeto respecto de ti. Si te sientas dentro de un tren detenido en una estación y el convoy de la vía contigua emprende la marcha hacia delante, quizá te parezca que es tu tren el que se mueve.

Como pensador visual que era, Einstein utilizaba experimentos mentales para llegar a sus conclusiones únicas. De niño se imaginó haciendo una carrera con un rayo de luz. Si ambos alcanzaban la misma velocidad, entonces él no sabría que se estaba moviendo.

Pero Einstein se topó con una constante: la velocidad de la luz. Sus 300 000 kilómetros por segundo eran imbatibles, nada podía superar esa velocidad. Además, proclamó que la masa y la energía son intercambiables (como hemos visto) y, algo más trascendente aún, que el espacio y el tiempo son una sola entidad (véase más adelante). Después, tras aunar el espacio y el tiempo, redefinió la gravedad con una teoría basada en la idea de que un hombre en caída libre no notaría su propio peso.

El corazón de la teoría *de la relatividad* lo ocupan el tiempo y el espacio. Einstein proclamó que ambos están entrelazados. El resultado, *el espaciotiempo,* tiene cuatro dimensiones: las tres espaciales de siempre y una más para el tiempo. Einstein dijo que el tejido del espaciotiempo es como una superficie de goma lisa y que el Sol es como una bola de hierro que, al posarse sobre la superficie, crea una hondonada a su alrededor (véase la figura 3). Dijo que todos los objetos distorsionan el espaciotiempo de esta manera. La «deformación» o el desnivel del tejido liso del espaciotiempo es lo que permite que los objetos no propulsados se desplacen por el espacio. En otras palabras, el espaciotiempo está distorsionado por la materia, y esa distorsión permite que la materia se mueva por él.

Ahora bien, como ya sabemos, donde hay materia hay gravedad. La gravedad concentró la materia desde el primer momento. Pero, según Einstein, la *gravedad* no es una fuerza física, tal como había imaginado Newton. La gravedad es el resultado de la deformación del espaciotiempo. Newton se equivocó en esto.

El hombre que Einstein había imaginado en caída libre no notaría su peso por la sencilla razón de que no tendría peso. La gravedad actuaría sobre el espacio y el tiempo de su alrededor y no sobre él. La gravedad no es una fuerza entre objetos, sino la forma cambiante del espaciotiempo.

Hoy en día el espaciotiempo sigue siendo, con algunas modificaciones, un pilar central de la física de partículas y la cosmología, y la relatividad general es una de sus piedras angulares.

Curvatura del espacio

Figura 3. Según Einstein, el tejido del espacio está distorsionado por la materia. La curvatura resultante es lo que permite que los objetos se muevan. Einstein imaginó una esfera de hierro sobre una superficie de goma, como se muestra aquí, y esa depresión permitiría el desplazamiento de la bola pequeña situada dentro de la curvatura.

La *relatividad general* se ocupa de las cosas grandes: las estrellas y el universo.

La *teoría cuántica* se ocupa de lo minúsculo: átomos y cosas aún más pequeñas, un mundo de incertidumbre donde todo se basa en el azar. Un hallazgo que ha sido catalogado como el más impactante de la historia de la ciencia. Einstein lo consideró catastrófico. «Dios no juega a los dados», es la célebre frase que proclamó meneando su melenuda cabeza. Pero parece que se equivocó en esto.

Bueno, «no soy un Einstein», ironizó en cierta ocasión.

El país de las maravillas

«Nadie entiende la mecánica cuántica», solía decir a su alumnado el premio nobel de física Richard Feynman. Así que no te desesperes si tú tampoco lo consigues. Pero, dicho esto, no es difícil captar sus bases, sobre todo si te parece bien encogerte mucho (al menos en cuanto a expectativas) para seguir adentrándote en este país con la mente abierta, tal como hizo Alicia.

Estás a punto de penetrar en el mundo inconcebiblemente minúsculo de lo subatómico; un reino al margen de toda razón, donde casi la única certeza es la incertidumbre. En este micromundo, las cosas suceden sin ningún motivo. Es una realidad insólita, pero la teoría cuántica describe correctamente el universo a escala subatómica. Está en todas partes y es cada uno de nosotros. Así que abróchate el cinturón, por favor, y emprendamos la marcha.

Como recordarás, el mundo subatómico está formado por cuarks y electrones. La *teoría cuántica* o *mecánica cuántica* describe cómo se comporta el mundo subatómico. El vocablo *cuanto* alude a la «porción indivisible más pequeña» (cantidad) de cualquier cosa, y un *salto cuántico* es «el cambio más pequeño posible».

La primera regla es que, a diferencia del mundo cotidiano, el universo cuántico se rige por la probabilidad. Si preparas la mesa para celebrar una cena festiva, no hay ninguna necesidad de temer que no siga ahí cuando lleguen los invitados. Pero el mundo cuántico no ofrece estas garantías. Solo puedes contar con la probabilidad de que algo suceda o no. En el mejor de los casos, puedes predecir qué es lo más probable.

En el centro de esta teoría se encuentra la dualidad onda-corpúsculo. Resulta que los objetos subatómicos, como fotones y electrones, poseen dos naturalezas. Pueden comportarse como partículas puntuales (tal como dijo Einstein), pero también pueden comportarse como ondas, tal como se pensaba con anterioridad. Tienen ambas propiedades.

Sabemos que esto es así debido a los patrones que crea un famoso experimento con una pantalla provista de dos rendijas (el experimento de la doble rendija). Al disparar partículas subatómicas hacia las rendijas, se obtuvieron unos resultados verdaderamente asombrosos en la pared situada tras ellas.

El lanzamiento de electrones hacia ambas rendijas al mismo tiempo formaba varias bandas difusas de oscuridad y claridad en la pantalla posterior, algo totalmente inesperado (figura 4A). Este es un patrón típico de ondas, no de partículas. Esto se debe a que al atravesar ambas rendijas los electrones se habían abierto en abanico y habían chocado entre sí, como las ondas que se forman en el agua de un estanque al arrojar varias piedras a la vez.

El lanzamiento de electrones individuales, de uno en uno, contra ambas rendijas formaba en la pared situada detrás los mismos puntos que cabría esperar de las partículas. Pero, curiosamente, ese patrón no perduraba. Los puntos se transformaban enseguida en las bandas de ondas difusas que se ven en la figura 4A.

Pero eso no es todo. Cuando se añadía un detector (figura 4B) para seguir a través de qué rendija pasaba cada electrón, en lugar de formarse en la pared el patrón habitual de las ondas difusas, solo se obtenían partículas. El hecho de que hubiera un detector parecía provocar que todas las ondas se convirtieran en partículas. Prestar atención parecía afectar al comportamiento de la materia cuántica.

«¿Y si quien mira es un ratón?», manifestó un Einstein vacilante.

Pero es así.

Este extraño comportamiento probabilístico está contemplado en el *principio de incertidumbre,* el cual establece que es imposible conocer la ubicación de una partícula en movimiento y, al mismo tiempo, medir su velocidad. Cuando los físicos intentan observar o medir las propiedades ondulatorias, los objetos se convierten al instante en partículas.

Experimento de la doble rendija

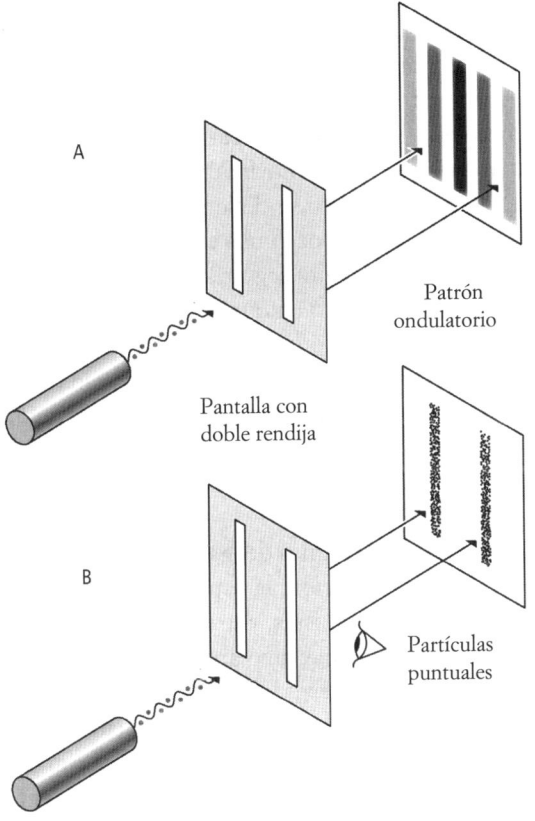

A

Pantalla con
doble rendija

Patrón
ondulatorio

B

Partículas
puntuales

Figura 4. Este famoso experimento consistente en lanzar partículas contra una pantalla de doble rendija reveló la rareza del mundo subatómico.

Esto parece ridículo, como tantas otras cosas, pero como el estado de una partícula cuántica no se puede conocer en su totalidad, se dice que está en superposición, es decir, que se halla en todos los estados posibles al mismo tiempo... mientras no miremos. Pero en cuanto miramos, siempre es una partícula.

La superposición se ha comparado con una moneda que gira. Mientras sigue ese movimiento, la moneda es a la vez cara y cruz. En cuanto se detiene, es una cosa o la otra. Pero aquí viene lo mejor. A una escala subatómica y cuántica, la moneda que gira seguiría siendo tanto cara como cruz hasta el momento en que la mires.

El físico Erwin Schrödinger recurrió a su gato en un experimento mental para demostrar lo absurdo de las ideas de la mecánica cuántica, como que prestar atención afecta al comportamiento cuántico. El hecho de estar formado por billones de átomos convertía el gato en material cuántico válido, según él.

Existen varias versiones del gato de Schrödinger. En la que se da a continuación, la superposición y la probabilidad son las protagonistas, y se acentúa la percepción de Schrödinger de que hay algo absurdo.

Schrödinger ha encerrado el gato dentro de una caja en su laboratorio. El gato está en superposición cuántica, es decir, en todos los estados posibles, lo que significa que está vivo y muerto al mismo tiempo. Un accidente en el laboratorio expone de repente la caja a fuertes toxinas radiactivas. Oh, oh. ¿Cómo estará la pobre criatura, viva o muerta? Schrödinger solo lo sabrá si mira, así que abre la caja y comprueba que el animal está muerto. ¿Mató la curiosidad de Schrödinger al gato? Probablemente.

Aunque la mecánica cuántica no se ha desentrañado en su totalidad, funciona. Y la teoría cuántica y la de la relatividad funcionan bien juntas. Los ordenadores, los láseres y los reactores nucleares son ejemplos de ello.

Pero la física de partículas ha fracasado en un detalle de una importancia capital. Ha sido incapaz de incluir la gravedad dentro de una «teoría del todo» de la mecánica cuántica, que es una aspiración de los físicos.

Para llenar ese vacío se han propuesto algunas teorías que han suscitado gran debate.

La *teoría cuántica de campos* se acepta porque funciona. Sostiene que el universo está hecho de partículas y de campos. Pero, ¿qué es exactamente un campo?

Bueno, que una persona trabaje en un campo específico, no significa necesariamente que esté sembrando algodón. Puede que sea historiadora o científica. Ese tipo de campo es una abstracción. El campo electromagnético, que transporta la electricidad y la luz, fue el primer «campo» que se descubrió en el espacio, y es algo físico. El grado de realidad de los campos cuánticos es discutible. Hay quien dice que los campos cuánticos son un estado del espacio. Otras personas afirman que son espacio. El espacio tiene una estructura granular, y las partículas son vibraciones en él. En otras palabras, los campos y las partículas son la misma cosa, y el universo es un gran campo cuántico de interacciones. La realidad no consiste en cosas, sino en interacciones. Todo fluye. No hay tierra firme.

El campo de Higgs que se ha confirmado en tiempos recientes y que contiene la famosa partícula denominada *bosón de Higgs*, dio un gran impulso a la teoría cuántica de campos. Ahora se acepta que muchas partículas del universo adquieren masa al interaccionar con el campo de Higgs. Esto es muy importante.

La *teoría de cuerdas*, una variante de la teoría cuántica de campos, postula la existencia de cuerdas infinitesimales de energía, más pequeñas que los cuarks y con forma de tirabuzón, que pueden abrirse. Las cuerdas vibran, como las de un violín, con movimientos diferenciados que representan las distintas partículas. Cuando interaccionan entre sí dan como resultado algo parecido a un universo musical que interpreta su propia sinfonía particularísima.

Suena bien, pero la teoría de cuerdas también defiende que, en lugar de las cuatro dimensiones espaciotemporales de Einstein, hay diez. Las seis adicionales se encuentran densamente enroscadas y son inaccesibles.

La teoría de cuerdas y sus competidoras (véase más adelante) dependen de la existencia de una partícula llamada gravitón que de momento aún no se ha descubierto.

La *teoría M* combina la teoría de cuerdas, la relatividad y la mecánica cuántica en la deseada «teoría del todo». Sostiene que no hay 10, sino 11 dimensiones que reciben el nombre conjunto de branas. Pero no se puede demostrar.

La *teoría de lazos* es una teoría cuántica de la gravedad. Recordemos que, según Einstein, la gravedad no es una verdadera fuerza, sino una propiedad del espaciotiempo. De modo que no se puede reducir a fragmentos diminutos. Esto significa que en lugar de ser un tejido terso y liso, el espaciotiempo viene a ser como un tejido tosco de lazos cuánticos que se entrecruzan e intercambian energía.

Al otro lado de la frontera

Antes de finalizar nuestro recorrido por las orillas del país de las maravillas, echaremos una ojeada a algunos de los fenómenos ultrarraros revelados por la relatividad y la física cuántica. Aunque aún queda mucho para comprenderlos, algunos ya se emplean con éxito dentro de la ciencia y la industria.

El *entrelazamiento cuántico*, o «acción fantasmagórica», por usar la expresión de Einstein, alude a la capacidad absolutamente asombrosa de que dos partículas separadas se comuniquen de manera instantánea entre sí, incluso desde lados opuestos de la Galaxia. Cualquier cambio en el estado de una partícula afecta automáticamente a la otra, y a una velocidad mayor que la de la luz. Los experimentos con pares de partículas situadas a distancias mucho más cortas han demostrado que este hecho extraordinario es cierto, aunque no es posible preprogramar el resultado de antemano.

Este fenómeno insólito ya ha permitido desarrollar ordenadores cuánticos y códigos cibernéticos inviolables. Se está explorando la posibilidad de crear un internet cuántico. El entrelazamiento cuántico no es tan solo una gran noticia: va al mismísimo corazón de la física cuántica. Tal vez el verdadero tejido del universo consista en una red de largo alcance de partículas entrelazadas.

Efecto túnel cuántico: partículas como los electrones y los protones son capaces de atravesar barreras sólidas. De alguna manera se las arreglan para crear un túnel. Hay quien cree incluso que podrían viajar a través de microagujeros de gusano, atajos innumerables que atraviesan el universo y hacen que el espaciotiempo se parezca a una especie de queso suizo celeste.

Se está trabajando en el desarrollo de un superordenador cuántico que utilice tanto el efecto túnel como el entrelazamiento y se están obteniendo unos resultados fantásticos. (Véase la página 183).

El *teletransporte cuántico* consiste en utilizar partículas entrelazadas para el transporte instantáneo de «paquetes» de un lugar a otro. No son copias. Se extinguen y se vuelven a crear en el destino. El original deja de existir.

Por ahora solo es posible con información traducida a código, pero con el tiempo se podrán transportar sistemas cuánticos enteros. En teoría también podría hacerse con personas. Pero, dado que eso implicaría tropecientos millones de átomos, sería como trasladar el monte Everest a cucharadas. ¿Y seguirías siendo realmente tú el nuevo ser que te reemplazara?

La *interpretación de la pluralidad de mundos* probablemente sea el artículo más insólito que se ofrece en todo el bazar cuántico. Sostiene que el mundo cuántico se divide sin cesar en versiones alternativas de lo que está sucediendo en realidad. Con cada acción que realizas, tu «universo actual» genera universos alternativos en los que se dan todos los resultados posibles de esa actuación, incluyendo todo lo que podría haber sucedido, pero no ocurrió. A diferencia de otras teorías de universos paralelos, los universos de la pluralidad de mundos se encuentran dentro de este universo, y podrían estar muy cerca. Pero nunca lo sabremos.

Si notas que el sentido común del macromundo te está gritando en este momento «¡Menudo disparate!», tienes toda la razón, es un verdadero disparate. Pero la teoría de la pluralidad de mundos cuenta con la aprobación de muchas eminencias en física de partículas y astrofísica.

Continuará, se supone…

En resumen:

- El tiempo y el movimiento son relativos.
- El tiempo y el espacio están entrelazados y conforman el «espaciotiempo».
- Los objetos físicos deforman el tejido del espaciotiempo, y esta distorsión permite que los objetos se muevan por el espacio.
- La gravedad resulta de la distorsión del espaciotiempo.
- La mecánica cuántica describe el comportamiento del mundo subatómico: un reino de incertidumbre que se rige por la probabilidad.

- Las partículas subatómicas son capaces de ejecutar trucos asombrosos. Pueden ser partículas puntuales o comportarse como ondas. Pero en cuanto se las observa, se convierten al instante en partículas. Nuestra atención influye en su comportamiento.
- Dos partículas separadas pueden comunicarse al instante a distancias descomunales.
- Toda tu historia, tu pasado y tu futuro, y todas las alternativas posibles de cada una de tus actuaciones podrían estar ocurriendo en universos diferentes mientras lees esto.
- El universo parece ser una red dinámica de patrones de energía interconectados, «arenas movedizas cuánticas» afectadas por cada uno de nuestros movimientos. El denominado mundo real es un resultado de esto.

5. Llegar a ser

Ser o no ser, esa es la cuestión.

Shakespeare, *Hamlet*

Hamlet está pensando en tirar la toalla. Es un adolescente deprimido con problemas en casa. No tiene ni idea de qué es en realidad esa «atadura mortal» de la que está pensando en desprenderse, pero lo preocupa qué podría ocurrirle sin ella. ¿Existirá otra realidad? Y ¿encajará él en ella? Debe elegir y decide que prefiere al diablo conocido, su padrastro, así que aguantará de momento.

Aunque Hamlet no es una persona real, crea en la mente una intensa sensación de realidad que se vuelve más vívida aún cuando un actor encarna el personaje.

El profundo conocimiento que tenía Shakespeare de la naturaleza humana, así como su fascinación y curiosidad por el cielo, permean todas sus obras. A través de Hamlet reflexiona sobre la gran cuestión de la vida y la muerte: ¿cuál es en realidad su significado?

Unos 400 años después seguimos dándole vueltas a lo mismo. Ahora sabemos que la materia está hecha de átomos, pero aún ignoramos de qué manera cobraron vida algunos de ellos. Qué es exactamente la vida sigue siendo objeto de debate.

La comunidad científica está de acuerdo en que la vida es una condición peculiar del ser humano, los animales y las plantas, los hongos y las bacterias. Se han propuesto unas cuantas definiciones específicas. Todas ellas consideran indispensable que el candidato analizado reúna todas las características de la lista para considerarlo apto. Los sujetos dotados tan solo de algunas no alcanzan la categoría de seres vivos.

Los rasgos indispensables son: tener la capacidad de crecer, reproducirse, responder a estímulos y cambios en el entorno, mantener un metabolismo estable y ser susceptible de evolucionar.

Una variante más sucinta exige la capacidad de moverse, tener ADN y estar basado en el carbono.

Una definición de la NASA lo reduce sencillamente a «un sistema autosuficiente capaz de experimentar evolución darwiniana».

Las culturas primitivas y muchas religiones orientales elevan a la categoría de seres vivos a piedras y estatuas. Creen que tanto ellas como las plantas y los animales tienen alma. A menudo, esa alma pasa de un ente a otro, ascendiendo o descendiendo dentro de la escala evolutiva, según el comportamiento previo de su propietario.

En la mayoría de las religiones occidentales, el alma dota de vida a quien la posee y, además, le asegura la inmortalidad en el cielo o el infierno, dependiendo de sus actos terrenos. Las plantas, los animales y los insectos, las piedras y las estatuas no tienen cabida en este selecto club de la inmortalidad.

El alma es un concepto fascinante y con un atractivo inmenso, un gran consuelo ante la muerte y una razón de peso para vivir con rectitud. Sin embargo, como en el caso del gravitón, aunque se suele dar por hecho que existe, de momento no hay ninguna prueba de ello.

Por tanto, de acuerdo con el pensamiento científico actual, un árbol está vivo, una piedra no lo está y probablemente jamás lo estuvo, a menos, claro, que se trate de un fósil. Los virus se encuentran sobre una línea roja, ya que su identidad de seres vivos está sometida a una revisión continua.

Los comienzos

La descripción fidedigna de cómo comenzó la vida es más oscura aún que su definición. Hay pocas pruebas sólidas en las que basarse. En la actualidad se cree que la vida evolucionó a partir de un único ancestro primitivo entre 4500 y 3800 millones de años atrás. Surgió como resultado de combinaciones químicas fortuitas o bien de partículas o esporas que llegaron del espacio exterior con los meteoritos. Nadie lo sabe en realidad.

Se cree que los primeros microorganismos probablemente existieron en surtidores calientes alcalinos (fuentes hidrotermales) de los fondos oceánicos. O, si la luz solar fuera un factor indispensable, en lagos volcánicos templados. O, si el agua fuera un problema, entonces en las orillas de un cálido lago.

Probablemente la replicación se produjo con una división en dos.

Los fósiles más antiguos que se conocen, hallados en Australia Occidental, tienen 3500 millones de años. La mayoría consiste en colonias de cianobacterias, un microorganismo indispensable para toda la vida y del que hablaremos más adelante.

Los vestigios de otros tipos de microorganismos evidencian que la vida ya se estaba ramificando por entonces. Durante los siguientes mil millones de años, estas criaturas arcaicas evolucionaron despacio hasta dar lugar a dos grupos de seres unicelulares: las *bacterias* y las *arqueas,* poco más que paquetes diminutos con unas cuantas sustancias químicas en su interior, donde el recipiente o la membrana obró la magia. El hecho de retener varias sustancias químicas juntas en su interior permitía que interaccionaran, crecieran y se dividieran, y así sucedió.

Las bacterias son los organismos más antiguos, más diversos, más numerosos y, por tanto, posiblemente también los más triunfales del planeta. Y lo más importante es que proporcionaron la materia prima para el surgimiento de otras formas de vida. No solo descendemos de ellas en cierta medida, sino que en la actualidad siguen formando una parte significativa de nosotros (o nosotros de ellas), tal como se verá en el capítulo 7.

Llegados a este punto, ya sea leyéndolo todo o picoteando fragmentos de aquí y de allá, nos encontramos con el tercer suceso de la trinidad de acontecimientos extraordinarios que, junto con los átomos y el misterioso despertar de la vida, permitieron la aparición y la diversidad de todas las criaturas vivas del planeta: la emergencia a través de la evolución de la *célula eucariota*, una célula provista de un núcleo que contiene el material genético.

La manera exacta en que emergió ese núcleo es, como tantas otras cosas, incierta. Pero se cree que unos dos mil millones de años atrás, una bacteria penetró en el cuerpo de una de sus primas unicelulares, una arquea (ya mencionadas con anterioridad). Esta unión desencadenó el desarrollo de orgánulos, pequeños compartimentos o subórganos en el interior de las células que, a lo largo de siglos de reacciones químicas, crearon la vida pluricelular. El resultado fueron los musgos, los hongos, las algas, los dinosaurios, los mosquitos, las mariposas, las abejas, los árboles, las ballenas, las ranas, los pájaros, los canguros, los caballos, los chimpancés y, por supuesto, nosotros, es decir, todos los seres vivos excepto las bacterias y las arqueas. Todos estamos compuestos por las mismas células esenciales.

Por tanto, igual que los átomos son los elementos constitutivos más elementales de la materia, las células son los elementos constitutivos más elementales de la vida. En esos sacos diminutos comienza y se gobierna toda la vida a lo largo de la existencia de cada ser.

Un imperio

Tu cuerpo es comparable a una confederación de Estados minúsculos de Liliput: las células, donde operarios robóticos trabajan sin descanso hasta caer muertos. Todos estos Microestados se afanan por mantener la paz y el bienestar de ese imperio dinámico que gobiernas. Y su número es verdaderamente grande. Las células de tu cuerpo superan unas 10 000 veces la población humana mundial.

Como dirigente supremo que eres de ese reino, tienes ciertas responsabilidades: hay que alimentar y amparar a esos trabajadores y proteger las fronteras del imperio. Por lo demás, eres libre de hacer lo que te plazca: ir a donde quieras y hacer lo que te apetezca, sabiendo que tu reino fue decretado por la ley natural, tal vez incluso por Dios. Mientras evites choques peligrosos (con otros imperios, por ejemplo), la vida debería marchar sobre ruedas.

Todos estos poderes son tan fantásticos que darían vértigo si no fuera porque los tenemos asumidos, como suele ocurrir con los feudos heredados, como es este en su mayor parte. Pero, ¿conoces bien tu feudo imperial, su numerosa población siempre cambiante, cómo viven y qué hacen en realidad sus moradores? ¿Qué dotes de mando tienes dentro de él? Al fin y al cabo, hasta una pequeña revuelta puede resultar contagiosa.

Demos un pequeño paseo por tus dominios.

Célula eucariota

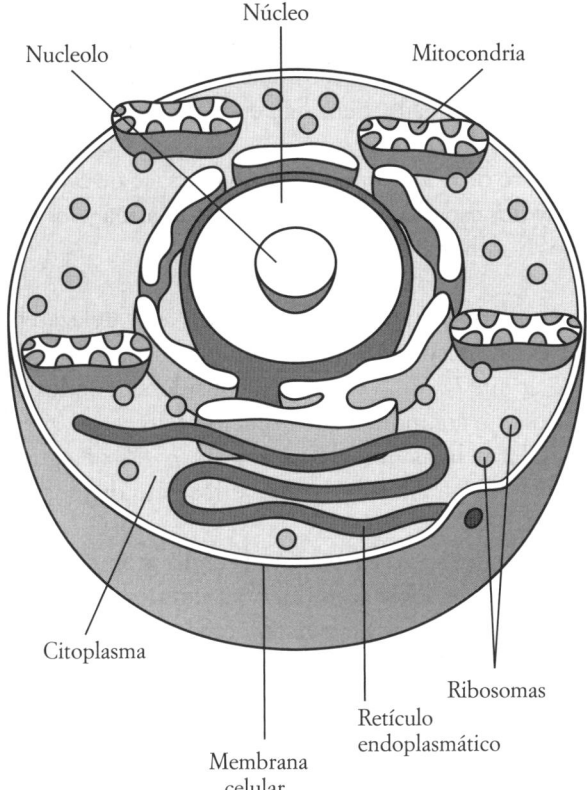

Figura 5. Corte transversal de una célula provista de núcleo, denominada célula eucariota; su aparición permitió la diversidad de la vida.

Geografía

Los billones de células que conforman tu cuerpo son de unos 200 tipos. Genéticamente son todas idénticas, pero la forma determina su función. La célula más grande tiene el diámetro de un cabello humano, pero la mayoría mide 1/10 de ese tamaño. Sencillamente es imposible de imaginar.

Dentro de la *membrana* en forma de saco de cada célula hay dos espacios principales: el citoplasma y los orgánulos (o subórganos).

El *citoplasma* es el líquido parecido a la melaza en el que están incrustados los orgánulos. Cada célula consiste en un 70 % de agua. (Si consideras que los átomos que te componen son espacio vacío en un 99.9 % y que las células del cuerpo son un 70 % de agua, es posible que percibas un tanto mermada tu dignidad imperial).

La membrana que envuelve cada célula proporciona una protección de doble capa. La capa exterior tiene proteínas pegajosas que sirven para unir cada célula a otras. (Los orgánulos también poseen membranas, pero son más simples).

El orgánulo más importante, con diferencia, es el *núcleo*. Contiene el genoma (ADN), que es el que está al mando: dirige el crecimiento, la renovación celular, las funciones corporales y, a veces, la muerte (tal como veremos más adelante).

Las *mitocondrias*, orgánulos con forma de salchicha, constituyen las centrales eléctricas de la célula. Toda la energía que necesita la célula se produce en ellas. Cada célula posee varias mitocondrias, y algunas células cuentan con centenares de ellas. Las mitocondrias también contienen un poco de ADN.

Los *ribosomas* son microfábricas asombrosas donde se producen las proteínas de la célula. Algunas células tienen millones de ribosomas.

En el *retículo endoplásmico*, las proteínas recién fabricadas se pliegan de la manera adecuada para realizar su labor y se transportan hasta los lugares correctos.

Los *lisosomas* ayudan a digerir los alimentos y a eliminar desechos. Si tienen hambre, se tragan con facilidad orgánulos cercanos.

El *citoesqueleto*, una red de filamentos, confiere flexibilidad a la célula y mantiene los orgánulos en su interior.

Configuración del cuerpo

Todas las células consisten principalmente en cuatro elementos: hidrógeno, oxígeno, carbono y nitrógeno. Unidos de diferentes maneras, estos cuatro elementos forman cuatro tipos de moléculas: proteínas, hidratos de carbono (azúcares), ácidos nucleicos y lípidos (ácidos grasos).

¡Y no hay más! Sin este trabajo en equipo, no podrían formarse células y la vida no existiría.

Cómo funciona

Las *proteínas* son los operarios de este imperio, y trabajan duro. Construyen la célula, fabrican moléculas nuevas, ayudan a combatir las infecciones, descomponen los alimentos para digerirlos y regulan los tejidos y órganos corporales. Dicen que la mayoría de las enfermedades humanas se debe a un mal funcionamiento de las proteínas.

Las proteínas son cadenas de *aminoácidos*. Lo que determina de qué proteína se trata es la secuencia de aminoácidos dentro de cada cadena. La cadena con su secuencia específica se pliega en una forma tridimensional que es la que confiere a cada proteína su función particular. Tu cuerpo tiene miles de proteínas diferentes que realizan distintas tareas. Sin embargo, todas están formadas por 20 aminoácidos dispuestos en diferentes secuencias.

Las enzimas son proteínas especializadas de enorme relevancia. Son catalizadores: aceleran las reacciones químicas, a veces hasta un millón de veces. Cada reacción química tiene su propia enzima. La lactasa, por ejemplo, descompone la lactosa (un azúcar) de la leche para que sea digerible. Todos los niños tienen esta enzima, pero no todos los adultos. Es común en las personas con antepasados ganaderos, pero la mayoría del resto de la población humana pierde esta enzima al crecer, por lo que no es capaz de digerir la leche en la edad adulta.

Los *ácidos nucleicos*, moléculas situadas dentro del núcleo de la célula, desencadenan todos estos procesos. Almacenan y transfieren la información genética. Son de dos clases: el *ADN* (o ácido desoxirribonucleico) y su primo, el *ARN* (o ácido ribonucleico). El cometido de estas dos moléculas no tiene parangón dentro de la vida y la evolución, tal como veremos en el capítulo 8.

En resumen:

- La vida es un estado autosuficiente. Sus características principales son comunes para todos los seres vivos, pero su origen es un misterio.
- La diversidad de la vida vegetal y animal fue posible cuando una célula adquirió un núcleo provisto de ADN.
- La forma de vida más simple consiste en cuatro elementos principales que forman cuatro moléculas diferentes, de las cuales las proteínas y los ácidos nucleicos ADN y ARN tienen una importancia capital.
- Las proteínas están formadas por 20 aminoácidos diferentes plegados con formas tridimensionales especiales, de acuerdo con las instrucciones del ADN.
- Las proteínas configuran las células, y las células configuran el cuerpo.

6. Actividad frenética

Esas pequeñas células grises. De ellas depende.

Agatha Christie

Agatha Christie se refería a las células del cerebro, pero su concisa observación es aplicable a todas ellas. Las células son multitarea por antonomasia. Transforman los alimentos en moléculas y energía para el cuerpo. Convulsionan y se contraen para que te puedas mover. También mantienen la casa en orden, fabrican anticuerpos protectores y atacan a los invasores. Pero su principal función es autorreplicarse. La multiplicación celular permite que tu cuerpo crezca y se mantenga en buen estado.

Procedes de una sola capa de células que, siguiendo las instrucciones del ADN, se escindió en tres. La capa más externa generó la piel y el sistema nervioso. La capa intermedia formó los músculos, el esqueleto, el corazón, la sangre y los riñones; la capa interna dio lugar a los intestinos, el hígado y los pulmones.

Mientras que las células afines se combinaban para crear los tejidos y órganos del cuerpo, algunas otras, sobre todo las sanguíneas y las células madre, conservaron su independencia.

La función principal de los *glóbulos rojos de la sangre* consiste en transportar el oxígeno inhalado con la respiración hasta los tejidos del cuerpo, y devolver el dióxido de carbono a los pulmones para exhalarlo. Mientras lees esta frase, tu cuerpo ha fabricado dos millones de glóbulos rojos. Eso implica la producción de 150 000 millones de células sanguíneas nuevas cada día. Solo pensarlo ya resulta agotador.

Las *células madre* o totipotentes son una barrera protectora de un valor incalculable. Cada una de ellas es una *tabula rasa* disponible para asumir las funciones de cualquier célula de un tejido que necesite reparación. La mayor reserva de ellas se encuentra en los embriones y en las placentas. Son 100 % adaptables y pueden convertirse en casi cualquier tipo de célula del cuerpo humano del que proceden. Nunca son rechazadas.

La mayoría de los tejidos adultos contiene una pequeña reserva de células madre, pero solo algunas de ellas pueden utilizarse en otras partes del cuerpo (las de la médula ósea, por ejemplo). No obstante, en tiempos recientes, un equipo científico consiguió devolver células ordinarias de ratones a su estado embrionario de células madre totipotentes. Este logro augura un futuro brillante para conseguir células madre a partir de humanos adultos.

Los *glóbulos blancos de la sangre*, en especial los linfocitos B y T, forman parte del sistema inmunitario. Aniquilan los agentes extraños, como virus, parásitos y bacterias dañinas, y fabrican anticuerpos. Algunos son capaces de recordar invasores del pasado y combatirlos. Pero si confunden un amigo con un enemigo y, por ejemplo, atacan las células del cuerpo propio, entonces dan lugar a enfermedades autoinmunitarias, como la diabetes o la artritis. También pueden rechazar un órgano transplantado.

Las *neuronas,* o células nerviosas, son como el servicio de mensajería sensorial del cuerpo. Transmiten información entre los órganos sensoriales y el cerebro a través de impulsos eléctricos. Las neuronas permiten que los músculos se muevan, que una flauta suene, que los alimentos tengan sabor y que las picaduras de mosquito nos animen a rascarnos. Más adelante se describirán con más detalle.

Parloteo permanente. Además de contar con un sistema de telégrafos sensorial, las células también se comunican entre sí. Emplean señales químicas (hormonas y neurotransmisores) para enviarse millones de mensajes cada día. Los científicos que trabajan para descifrar sus códigos han logrado cierto éxito: los fármacos que recetan suelen sabotear el parloteo celular para conseguir que ocurra algo, o para evitar que suceda.

Llenas de energía

Las células necesitan alimento para crecer, obtener energía y repararse. Y todo ello funciona de la siguiente manera.

Cuando comes, el sistema digestivo descompone las proteínas de los alimentos en sus aminoácidos originales. La sangre los transporta, y luego se reordenan para obtener el material que el cuerpo necesita.

Los alimentos y el oxígeno son necesarios para producir *energía celular*. La energía celular se fabrica en las mitocondrias de la célula (véase la página 61) a partir del aporte que proporcionan los alimentos, y se almacena en unas moléculas pequeñas y vigorosas llamadas *ATP* (trifosfato de adenosina).

El ATP proporciona energía a todos los seres vivos de la Tierra. A través de una serie de reacciones químicas en cadena, almacena, libera y suministra energía a los puntos de la célula que la necesiten. Este proceso antiguo y de una complejidad insólita es idéntico en una ameba y en ti.

Cuentas con unos mil millones de moléculas de ATP por célula. Se reemplazan cada dos minutos. Es una actividad frenética.

Ser y no ser

La condena a cadena perpetua de las células, consistente en un trabajo esclavo incesante y repetitivo, es la misma en todos los seres vivos. Pero la duración de las células varía enormemente de unos a otros. Lo mismo ocurre con el ritmo al que se reemplazan. Cada minuto pierdes unos 90 millones de células, pero al mismo tiempo se crean 90 millones de otras nuevas. Los glóbulos rojos duran unos cuatro meses, los blancos, en torno a un año. Las células del colon persisten cuatro días, y los espermatozoides, tres. (Pero pueden llegar a fabricarse 1500 por segundo a demanda). Las células del cerebro son la excepción. Rara vez se replican. Las que tienes ahora mismo seguirán ahí más o menos toda la vida.

Curiosamente, las células portan en sí mismas su propia sentencia de muerte, que se ejecuta de manera injusta, ya que la célula suele estar sana cuando fenece. Se suicida por el bien supremo del organismo: para mantener el equilibrio celular y evitar lesiones e infecciones. El ADN da la orden, y unas enzimas especiales acometen la tarea. Trituran la célula sentenciada o la engullen.

Replicación. Las células se forman a partir de otras células remontándose a la Eva unicelular. Hay dos clases de replicación, la mitosis y la meiosis, cada una de ellas con una finalidad diferente.

La *mitosis* presta un servicio al cuerpo. Produce células nuevas para reparar tejidos, mantiene el transcurso de la vida y el cuerpo en general.

Durante la mitosis, el núcleo de la célula ordena un aumento de su tamaño hasta la duplicación de todas sus partes. El material duplicado se separa desplazándose hacia el extremo opuesto de la célula. La membrana celular se contrae por el centro, y la célula queda dividida en dos gemelas idénticas (idénticas también a la progenitora sentenciada). En resumen, todas las células son clones.

Se cree que las instrucciones necesarias para que esto se produzca se parecen a la construcción de un superordenador.

La *meiosis* produce seres totalmente nuevos. Aunque es similar a la mitosis, no implica una sino dos divisiones celulares. Los 23 pares de cromosomas de la célula se dividen por la mitad y dan lugar a cuatro espermatozoides u óvulos (según la persona en cuestión).

Durante la fecundación se produce la fusión de un espermatozoide y un óvulo, cada uno portador de la mitad de los pares de cromosomas de una célula, para formar una célula nueva que recibe el nombre de cigoto. Con ello se restablecen los 23 pares de cromosomas (la mitad de ellos procedente de cada progenitor).

El cigoto se divide entonces y comienza a multiplicarse. Nueve meses después nace un individuo único. (Véase además el capítulo 8).

Los genes especiales *HOX* controlan qué debe ir en cada sitio. Tienes 39 de ellos. Un error en ellos podría añadir un dedo o desplazar un brazo del lugar que le corresponde. (Cuentan que Ana Bolena tenía un dedo de más en una mano).

El ser humano se compone de unos 200 tipos diferentes de células. Tenemos cierta idea de cómo se produce el ensamblaje del nuevo ser, pero no sabemos por qué. Lo más probable es que el proceso ocurra por sí solo. O tal vez se deba a alguna orden oculta. Puede que cada imperio corporal aspire a incrementar sus posibilidades de supervivencia fusionándose con otro imperio vecino. O que se trate de una combinación de todo ello; o cualquier otra cosa. Pero sea cual sea el motivo, este complejo y asombroso proceso ha alimentado una mezcla continua de genes que, con ayuda de la selección natural, ha dado lugar a los 10 millones de clases distintas de organismos eucariotas que pueblan hoy la Tierra.

Comprobación de la realidad

La naturaleza es una diseñadora brillante. Trabaja a base de ensayo y error, y favorece la organización y la división del trabajo. Cuatro mil millones de años de selección natural han dado lugar a un mundo interdependiente cuya complejidad va en aumento.

A partir de una sola célula no solo han surgido microorganismos, hongos, insectos, plantas y animales, sino también diversos sistemas más indefinidos como colmenas, hormigueros, cardúmenes, manadas, rebaños, familias, tribus; organismos unidos por instintos sociales arraigados, así como por fuertes vínculos genéticos.

La humanidad ha copiado el esquema de la naturaleza para inventar sistemas similares: equipos deportivos, clubes, empresas, países, imperios. Y todos siguen el mismo patrón de la naturaleza. Nacen, tienen funciones específicas, se rigen por unas normas, cooperan, reemplazan los

miembros débiles, se sacrifican por el bien común y acaban cayendo en pedazos.

A pesar del arraigado sentimiento que tienes sobre tu ser
como persona individual, la duración media de las células humanas es de 7 a 10 años. Pocas moléculas del cuerpo que tienes hoy existieron durante tu infancia. Y, sin
embargo, a pesar de las diversas remodelaciones que experimenta el cuerpo, te sigues sintiendo la misma persona. Pero, ¿de verdad eres tú? Las células que reemplazan
a otras son clones, pero ¿cómo te mantienen siendo la misma persona, suponiendo que todo vaya bien? El mejor
juez para valorarlo es, desde luego, el cerebro. Las células cerebrales han estado contigo desde el principio. Son las
más adecuadas para decirte quién eres. Y solo en raras
ocasiones se equivocan y te dicen, por ejemplo, que eres
Napoleón. Pero el hecho de que pueda suceder eviden-
cia que no son infalibles.

Ningún cuerpo es capaz de fabricar células nuevas de manera indefinida; es inevitable que en algún momento se
produzca un colapso total. Cuando ocurre, todos los cuerpos vuelven a formar parte del crisol universal para ser reciclados. Pero aquí está el problema: tus átomos seguirán
viviendo para siempre. De hecho, su reciclaje ya ha co-
menzado. Cualquiera de los átomos que perdiste ayer por
la calle podría componer en breve una pizza o a un papa.

Con el tiempo, podrían instalarse en una nave espacial o en un astronauta y pasar eones en otro planeta antes de cambiar de lugar. Esta es una forma de inmortalidad certificada por la ciencia, por si te sirve de algo. Y también es un recordatorio de que en esencia todo es lo mismo.

En resumen:

- Las células conforman todos los seres vivos.
- La digestión descompone los alimentos y, combinada con el oxígeno, produce las proteínas necesarias para la reparación celular.
- La molécula de ATP es la fuente de energía celular de todos los seres vivos.
- Hay dos formas de replicación celular. La mitosis permite el crecimiento del cuerpo y la reparación celular. La meiosis produce un ser vivo nuevo.
- Las células se suicidan para proteger al huésped que las aloja.
- Los seres vivos mueren, pero los átomos que los componen son inmortales.

7. Compañeros de viaje

La característica más destacada de la historia de la
vida es el dominio permanente de las bacterias.

Stephen Jay Gould

Los microorganismos son los seres vivos más antiguos y prolíficos de la Tierra, y podría decirse que también son los más exitosos. Los microorganismos, imperceptibles para el ojo humano, surgieron por primera vez hace al menos 3500 millones de años, probablemente en surtidores hidrotermales en los fondos oceánicos o tal vez llegados a la Tierra en meteoritos que se estrellaron contra el planeta. Comprenden el 99 % de todos los seres vivos.

Las bacterias, los virus, las arqueas y los hongos constituyen los tipos principales de microorganismos. Pero las bacterias y los virus son los que más afectan al ser humano. Están por todas partes (incluso entre las páginas de este libro). Dicen que hay tantas bacterias en un gramo de tierra y tantos virus en un vaso de agua del mar como personas en el planeta.

En tiempos recientes se han descubierto cantidades ingentes de bacterias que viven en las profundidades del subsuelo. Incluso a cinco kilómetros de profundidad llevan una existencia aletargada, como a cámara lenta, entre las grietas de roca, mordisqueando trozos de ella para obtener energía. Algunos científicos empiezan a preguntarse si la vida pudo comenzar bajo tierra.

Recordemos que es muy probable que fuera una bacteria lo que nos dio la vida. Su unión con una de sus primas arqueas dio lugar a la primera célula provista de núcleo (página 59). Tanto nuestros genes como las mitocondrias (centrales de energía) portan signos de un origen bacteriano.

Además, si crees que tu cuerpo te pertenece en exclusiva, te equivocas. Lo cierto es que es un hotel con pensión completa tan popular entre los microorganismos que hay unas 10 000 especies de ellos alojadas en él, aunque las bacterias y los virus son sus principales residentes. La mayoría de ellos se gana el sustento realizando un trabajo útil, y muchos son francamente indispensables. Pero con ellos también viajan las infecciones y las enfermedades.

Bacterias

Una bacteria es una célula diminuta e independiente que contiene un poco de ADN y algunos ribosomas (fábricas de proteínas). Se las identifica sobre todo por su forma, y los tipos más destacados los constituyen las esferas (cocos), los cilindros (bacilos) y las espirales (espirilos). Algunas bacterias tienen cilios para aferrarse mejor a otras células; otras poseen colas en forma de hélice para desplazarse; y otras cuentan incluso con una brújula (cristales magnéticos que les señalan el norte).

La mayoría de las bacterias obtiene energía consumiendo residuos orgánicos. Pero unas pocas emplean la fotosíntesis, y algunas están capacitadas para utilizar ambos métodos.

Las bacterias destacan en autorreplicación. Sobre todo lo consiguen dividiéndose en dos. La bacteria intestinal *E. coli* es un buen ejemplo. Es capaz de dividirse cada 20 minutos. Esto significa que en cuestión de 12 horas una sola bacteria es capaz de producir 70 000 millones de copias de sí misma.

Ellas y nosotros

La mayoría de las bacterias vive alrededor de las células de tu cuerpo, no en su interior. Se encuentran sobre la piel y revisten el interior de la boca. Pero su residencia favorita es, cómo no, el intestino. En él actúan cual personal de una enorme y bulliciosa cocina donde ayudan a preparar la comida descomponiendo los alimentos en azúcares digeribles y aprovechándose abiertamente de las sobras. También fabrican las vitaminas K y B12, y se encargan de las toxinas peligrosas. Además, ahora sabemos que ejercen una influencia poderosa en el estado mental.

En tiempos recientes se ha descubierto que, al igual que el cerebro, las bacterias intestinales producen neurotransmisores, como dopamina y serotonina, que gobiernan el estado de ánimo. Unas células intestinales especiales envían señales en forma de pulso al cerebro a través del nervio vago, que conecta los intestinos con el cerebro. Ahora se cree que la enfermedad de Parkinson, cuya relación con la producción de dopamina se conoce desde hace tiempo, puede empezar en los intestinos y no en el cerebro, como se creía en el pasado.

Es más, la implantación de bacterias intestinales de personas con depresión en las tripas de ratones sin microbios conllevó claros signos de depresión en estos animales.

Aunque existe una barrera hematoencefálica que impide que agentes extraños se paseen libremente por el torrente sanguíneo, en tiempos recientes se han descubierto enzimas de la bacteria intestinal *gingivalis* (causante de la enfermedad de las encías) en el cerebro de pacientes con alzhéimer, lo que insta a pensar que podría contribuir de algún modo a desencadenar la enfermedad.

Gran parte de lo anterior es nuevo y aún no se sabe cómo funciona. Pero cada vez está más claro que los microorganismos del microbioma particular de cada persona, es decir, la población total de microorganismos que portas en el cuerpo, son tan importantes para la supervivencia y la personalidad como el cerebro.

Los malos

En efecto, las bacterias tienen fama de provocar enfermedades. Las epidemias medievales, como la peste negra, eran causadas por bacterias. Y lo mismo ocurre con la tuberculosis, la fiebre tifoidea, la faringitis estreptocócica, el ántrax, la enfermedad de Lyme, la sífilis, el cólera, la disentería y la diarrea, por nombrar solo algunas.

Por lo común, el sistema inmunitario se encarga de combatir las enfermedades infecciosas, pero hay microorganismos que también colaboran. Muchos de ellos portan brebajes químicos capaces de matar a otros microorganismos. El científico Alexander Fleming se percató de ello por primera vez cuando un hongo verde (moho) aniquiló las bacterias de una de sus placas de Petri. Fue como una revelación. Fleming encontró una utilidad para el hongo exterminador y con ello desarrolló el primer antibiótico, la penicilina. Hoy en día, los hongos y las bacterias constituyen la base de casi todos los antibióticos que conforman nuestro arsenal médico.

Los *antibióticos* matan las bacterias o bien impiden su propagación bloqueando químicamente su crecimiento o replicación. (La penicilina impide que las bacterias fabriquen paredes celulares). El inconveniente es que los antibióticos suelen matar de manera indiscriminada. Es decir, la eliminación de los malos se lleva también a algunos de los buenos.

Los alimentos probióticos portan bacterias comestibles y beneficiosas para los intestinos con problemas. Los trasplantes fecales, que se emplean para combatir infecciones intestinales más graves, resultan más eficaces aún.

Pero se está descubriendo que la elevada tasa de replicación y de mutación de las bacterias conlleva la reposición veloz de las filas diezmadas gracias a la aparición de cepas nuevas. Es una guerra que corremos el riesgo de perder. Algunas estimaciones sostienen que en 2050 habrá más personas fallecidas por bacterias resistentes a los medicamentos que por cáncer. Nos urge encontrar antibióticos nuevos. Tal vez los aletargados microorganismos que viven en el subsuelo acudan a nuestro rescate durante un tiempo.

Entes multitarea

Las bacterias también son útiles para ciertas labores fuera del cuerpo. Sus enzimas sirven para la limpieza de textiles y para fermentar comidas y bebidas (queso, cerveza, vino, yogur). Se emplean para el tratamiento de aguas residuales, para retirar fugas de petróleo y para fertilizar el suelo. La biotecnología (la combinación de la biología con la tecnología) está abriendo las puertas a toda clase de aplicaciones novedosas de las bacterias, tal como se verá en el capítulo 13.

Virus

La miríada de bacterias que viven en condiciones extremas bajo tierra contrasta con la vasta corriente de virus (y bacterias) que circula alrededor del planeta por encima de su sistema climático, posiblemente debido al arrastre de los vientos. Dicen que unos 800 millones de esos virus se posan a diario sobre cada metro cuadrado de suelo.

Los virus son los entes más abundantes de la Tierra. Son más simples y mucho más pequeños que las bacterias y consisten en una cápsula de proteína que contiene ARN o ADN, pero nunca ambos. Algunos cuentan con una envoltura exterior grasa que les aporta una protección adicional.

Sin embargo, se podría discutir si están vivos o no, de modo que también cabe dudar si deben considerarse microorganismos o no. Los virus no se alimentan ni crecen. Ni siquiera tienen la capacidad de reproducirse. Y, sin embargo, curiosamente, cuando se trata de replicarse con rapidez, estos subseres son insuperables.

Aunque son incapaces de replicarse por sí solos, portan en su interior una plantilla genética para hacerlo. Su estrategia consiste en engañar a las células de otras criaturas para que realicen el trabajo por ellos. En otras palabras, los virus son parásitos. Secuestran células vivas y se reproducen infectándolas. Eso es todo lo que hacen: replicarse, replicarse y replicarse. El resultado afecta a toda la vida del planeta, y las consecuencias llegan a ser terroríficas en ocasiones, tal como hemos comprobado recientemente.

Cómo sucede

De los millones de especies de virus que existen, los seres humanos solo gustan a unos 250. Cada clase de virus prefiere un tipo particular de célula. Los virus del resfriado y de la gripe atacan las vías respiratorias, mientras que el de la hepatitis siente predilección por el hígado. La forma y la superficie de cada virus son determinantes para que logre acceder a la célula adecuada. Un virus puede apoderarse de una célula entera y obligarla a fabricar miles de clones de sí mismo.

Los virus nunca entran en las células de sus víctimas. Se fijan al exterior e inyectan en ellas su ADN o ARN. La célula engatusada responde obediente y se pone a trabajar de acuerdo con las nuevas instrucciones para fabricar copias del virus una y otra vez.

La célula sometida no tarda en llenarse de virus. Su estallido (lo que suele aniquilarla) libera un nanoejército de virus que marcha sobre las células vecinas para imponerles su ciega voluntad robótica. A medida que el ejército aumenta con cada conquista, también crece el peligro para los órganos y tejidos cercanos. A veces, la criatura afectada muere.

Los *retrovirus* portan ARN, no ADN. Pero el ADN es necesario para fabricar la proteína que necesita un virus para replicarse, así que utilizan una enzima especial para transformar el ARN en ADN antes de atacar a sus víctimas. (Si un espermatozoide o un óvulo se infectan, el virus puede contagiarse a otros individuos). El VIH es un retrovirus. Los que tienen la parte exterior repleta de espinas son coronavirus, que son los causantes del resfriado común, el sars y el covid-19, que hizo temblar al mundo.

En ocasiones, el ADN de un virus permanece latente en la célula huésped y se divide cada vez que ella lo hace. Esto puede suponer un goteo continuo de alimento para una infección que dure varios años. También puede debilitar la inmunidad natural del huésped. Cuando las células infectadas por el virus enloquecen y se replican sin cesar, se forman tumores.

Un virus descontrolado puede detonar una pandemia como si fuera una bomba nuclear. El virus del covid-19 se propagó por todos los países del mundo en tan solo tres meses.

Defensas frente a los virus

Los virus se combaten de tres maneras: a través del sistema inmunitario, con vacunas y con fármacos antivirales.

El cuerpo posee unos glóbulos blancos especiales, provistos de «memoria», que son capaces de reconocer un virus que ya hubiera causado daños en el pasado. Y, si vuelve, lo aniquilan antes de que se propague.

Las vacunas se sirven de esta capacidad extraordinaria. Por ejemplo, si se inyecta a un niño un fragmento de un virus infeccioso, como el del sarampión, lo bastante pequeño como para que el sistema inmunitario pueda defenderse de él, entonces si ese mismo virus vuelve a atacar más adelante a esa persona, estas células lo reconocerán y lo combatirán al instante.

Los medicamentos antivirales funcionan porque interfieren químicamente en la replicación del virus.

Algunas enfermedades víricas, como la viruela, se han erradicado por completo en el ser humano gracias al empleo generalizado de vacunas vivas atenuadas. Otras, como la poliomielitis, la fiebre amarilla, la varicela y el sarampión, se previenen con vacunas. Otras afecciones provocadas por virus, como el sida, solo se pueden mantener a raya. El resfriado común continúa imbatible.

Los buenos

No todos los virus son perjudiciales. Los *bacteriófagos*, o *fagos* para abreviar, son virus que atacan a las bacterias, sobre todo a las intestinales, y con ello protegen, sin pretenderlo, a su huésped. Tus intestinos albergan en torno a mil billones de fagos cuya capacidad para aniquilar bacterias contribuye a mantener en la flora intestinal un buen equilibrio microbiano.

Ahora sabemos que los virus son capaces de recolectar por error fragmentos de ADN de su huésped y de transportarlos de una célula a otra. Esto dio una idea brillante a los científicos. Si los fagos pueden acarrear de un lado a otro fragmentos de ADN, ¿por qué no habrían de transportar también otras cosas? La idea funcionó. Hoy en día, los fagos llevan medicamentos a células infectadas. Y se está trabajando en un proyecto para emplearlos como nanovehículos y como contenedores. En el MIT los están transformando en nanobaterías capaces de almacenar energía renovable con una cantidad mínima de residuos tóxicos.

Es muy posible que los fagos fueran el primer sistema inmunitario de la naturaleza. A pesar de su elevada peligrosidad, hoy en día se están revelando útiles para gran cantidad de tareas novedosas y fascinantes. En el próximo capítulo veremos el empleo de fagos con una biotecnología verdaderamente trascendental que nos cambiará la vida.

En resumen:

- Los microorganismos son los seres más abundantes del planeta. Causan enfermedades, pero también son cruciales para nuestra existencia. Mantenemos con ellos una relación de amor-odio.
- Las bacterias ayudan a digerir alimentos y a eliminar residuos. Combaten enfermedades y también las causan. Además repercuten en el estado de ánimo.

- Los virus son parásitos que secuestran células de otros seres y se reproducen dentro de ellas.
- Los bacteriófagos (también conocidos como fagos) son virus que combaten bacterias intestinales y contribuyen a mantener un equilibrio microbiano.
- La biotecnología está empleando fagos para numerosos sistemas novedosos de transporte de energía y de sustancias.
- Los virus y las bacterias son replicantes hiperveloces capaces de crear superseres inmunes a los fármacos existentes.

¿Quién eres?

8. El agente secreto

Pienso, por tanto, existo.

René Descartes

Con esta afirmación, el filósofo del siglo XVII René Descartes dio comienzo a la «Era de la Razón» aportando una prueba sucinta y razonada de su existencia. Con ello tranquilizó a todo el mundo; quien fuera capaz de pensar, existía. Era razonable.

Sin embargo, seguramente la máxima expresión de este aforismo significa: «Pienso, por tanto, creo que existo». Algo muy distinto y, tal vez, una verdad aún mayor.

Descartes estaba obsesionado con el alma y, al parecer, consideraba el cuerpo como un oportunista agotador o un envoltorio mortal del que era mejor desprenderse. Declaró ser «un alma pensante». No tenía ni idea de que lo que pensaba era un órgano físico (el cerebro), ni de que un orgánulo (el núcleo de la célula portadora de su genoma) había sido el artífice de su discutible existencia y lo había convertido en lo que era.

El idioma de los genes

El *genoma*, inmerso a buen recaudo en el diminuto núcleo de cada célula, es el tesoro más preciado, aunque ubicuo, de la vida. Este asombroso almacén de información hereditaria controla el crecimiento, las funciones corporales, el aspecto externo y, lo más importante, la reproducción de todos los seres vivos. Los genes comunican a las células qué deben hacer y cuándo hacerlo. Los genes, billetes para llegar a la vida y custodios de su mantenimiento, han estado a los mandos desde mucho antes de que apareciera el órgano que acabaría siendo el cerebro humano. De modo que lo primero es lo primero:

Los *genes* suelen estar empaquetados dentro de *cromosomas* con forma de salchicha. Los cromosomas humanos forman pares consistentes en un cromosoma procedente de cada progenitor. Tienes 23 pares de cromosomas. Cada par consta de dos cromosomas iguales, con una sola excepción: el cromosoma 23, el que determina el sexo. Las mujeres poseen un par de cromosomas 23 emparejados, denominados XX, mientras que los hombres tienen un cromosoma X y uno Y. Eso es lo que los hace así.

Cada cromosoma contiene una sola molécula del famoso *ADN*, que se encuentra enroscado en la conocida espiral con forma de escalera o doble hélice (véase la página 93), y cuyos «peldaños» contienen el código químico que constituye los *genes*. Cada gen determina algo de ti. Pero por

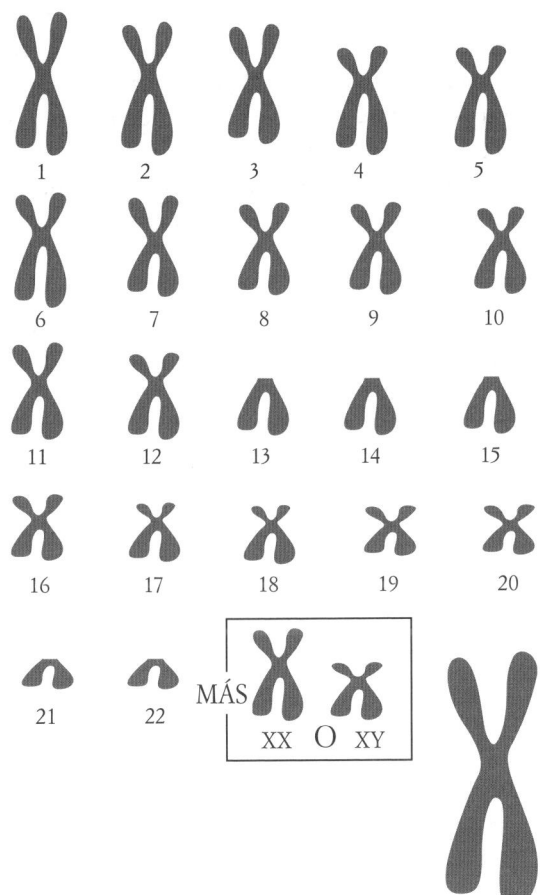

Figura 6. La mitad del conjunto completo de los cromosomas humanos (23 de 46) después de copiarse, y preparándose para la división celular. El par de cromosomas 23: XX o XY, femenino y masculino respectivamente, determinará el sexo.

lo común interaccionan numerosos genes para dar lugar a un rasgo concreto. En total tienes unos 22 000 genes.

Aunque es habitual referirse a los genes y al ADN como si fueran lo mismo, un gen es en realidad un fragmento de una molécula de ADN.

Los genes no solo determinan cómo debe conformarse tu organismo y su funcionamiento, sino también tu color de ojos y de piel. Más de la mitad de la inteligencia se la debes a ellos, y pueden endosarte una enfermedad que se haya dado en tu familia con anterioridad. Los genes condicionan el estado de ánimo y la personalidad. Tus genes y tu entorno hacen que tú seas tú.

Los poderes extraordinarios del ADN, ejercidos entre bastidores en el secreto más estricto, parecen un libro de hechizos mágicos y arcanos. De hecho, el ADN se limita a hacer una sola cosa: codifica proteínas. Es un libro de recetas para elaborar proteínas.

Como hemos visto, las *proteínas* son los operarios de las células. Construyen, regulan y mantienen el organismo. Consisten en cadenas de aminoácidos. Los códigos del ADN especifican qué secuencia de aminoácidos se necesita para elaborar cada proteína concreta. Eso es todo.

Tienes unas 100 000 proteínas diferentes en el cuerpo, y 20 aminoácidos bastan para formarlas todas. En términos muy resumidos, el proceso es el siguiente:

Doble hélice del ADN

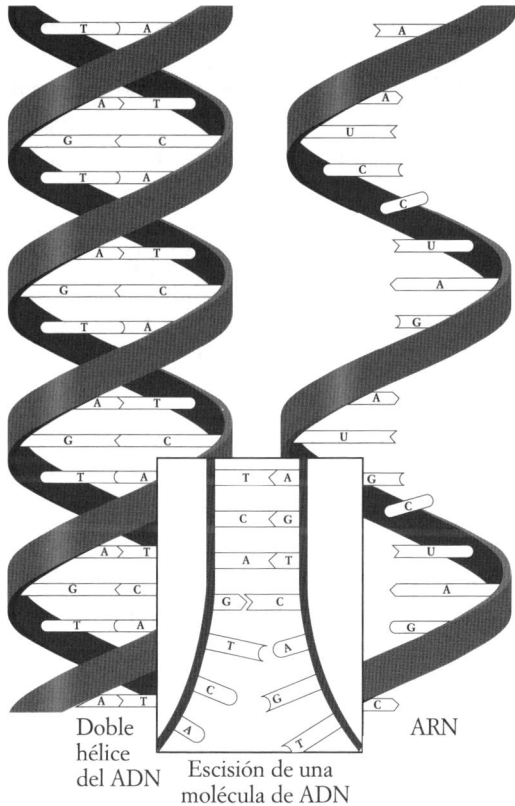

Doble
hélice
del ADN
Escisión de una
molécula de ADN

ARN

Figura 7. La famosa molécula de ADN, en forma de doble hélice, porta el esquema de la vida. El recuadro ampliado ilustra las dos hebras escindiéndose antes de efectuar la copia.

1. Una molécula de ADN se desenrosca del cromosoma en el que se encuentra enrollada y compactada.

2. Una enzima escinde la molécula por la mitad, tal como se ve en la figura 7 (página 93) y separa las dos cadenas de ADN.

3. El ARN, que es el primo hermano monocatenario del ADN, copia el tramo de ADN que contiene la receta para fabricar los aminoácidos necesarios para elaborar la proteína deseada.

4. Entonces, el ARN envía la receta a la fábrica de la célula encargada de producir las proteínas, un ribosoma, anclado en el fluido celular.

5. La receta codificada se lee y la proteína se fabrica y se envía al lugar correcto de la célula.

El ADN nunca sale del núcleo.

La receta

- Los códigos del ADN son verdaderamente simples. Solo constan de 4 letras, ATCG, que representan 4 ácidos nucleicos llamados bases.

- La A se une a la T, y la C se une a la G. De modo que cada «peldaño» de la escalera está formado por A+T o por C+G (véase el diagrama de página 93).

- Cada tramo de ADN que codifica una proteína está delimitado por un «botón» de inicio y otro de fin.

- El alfabeto de 4 letras, ATCG, forma palabras de 3 letras (GGA, por ejemplo).

- Cada palabra de 3 letras codifica 1 aminoácido.

- Hay 64 combinaciones posibles.

- Una combinación específica de aminoácidos codifica 1 proteína.

En resumen: la molécula de ADN es una escalera en espiral. Sus «peldaños» están formados por 4 bases químicas, ATCG. Estas 4 letras forman las palabras de 3 letras que codifican los 20 aminoácidos necesarios para fabricar todas las proteínas del cuerpo. Esta es la receta de la vida. Asombrosamente sencilla, ¿verdad?

Las sobras

Además del genoma alojado en el núcleo celular, también tienes un poco de ADN llamado ADN mitocondrial o *ADNmt* oculto en el interior de otro orgánulo llamado mitocondria, que ya se describió con anterioridad (véase la página 63) y que es la central energética de la célula.

Es probable que millones de años atrás, las mitocondrias fueran microorganismos independientes. El cromosoma del ADNmt es circular y flota libre en el orgánulo, como el de las bacterias. Contiene 37 genes.

El ADNmt es excepcional en otro aspecto. Se transmite en exclusiva de madre a hija. Los hombres lo heredan pero no pueden transmitirlo. Esto significa que no se mezcla durante la meiosis. Se ha transmitido con bastante pureza desde tu ancestro mujer, la Eva genética, de unos 300 000 años atrás. Las pocas mutaciones que experimenta el ADNmt constituyen una herramienta útil para rastrear la ascendencia de las personas. Cada mutación indica una ramificación nueva dentro del árbol de la evolución.

El *ARN*, que registra y transmite los mensajes del ADN, es mucho más antiguo que su primo hermano bicatenario más conocido. Es posible que eones atrás fuera autorreplicante. Pero el ADN resultó ser más eficaz para fabricar proteínas, de modo que acabó dirigiendo la fábrica.

Más en detalle

La receta de una sola proteína puede tener una longitud de miles de letras de ADN. Algunas proteínas necesitan información procedente de más de un solo gen. La hemoglobina, por ejemplo, requiere genes del cromosoma 16 y también del cromosoma 11.

El cromosoma 11 codifica cientos de genes diferentes. La hemoglobina ocupa un tramo de 1600 letras, de las cuales 146 fabrican proteínas. El resto de genes determina cuándo, dónde y cuánta proteína hay que fabricar.

Poco se sabe sobre cómo funciona todo esto. Si solo conocemos el 5 % de la composición del universo, aún sabemos menos sobre a qué se dedican nuestros genes, si es que hacen algo. El hecho es que menos del 2 % del genoma humano se destina a codificar proteínas; es un misterio la función del 98 % del ADN.

Es posible que parte de este material desconocido, denominado *ADN basura*, no tenga ninguna utilidad en realidad, sino que constituya los restos de infecciones víricas y causas perdidas. Pero una parte de él desempeña una clara función reguladora, que consiste en activar y desactivar genes. Aún nos queda mucho por aprender. Pero cargar inútilmente con un montón de equipaje durante miles de generaciones es antinatural.

Una llamada a la acción

La ciencia genética es un campo pionero, y probablemente sea en él donde van a producirse los cambios más grandes para la vida humana tal como la conocemos. El genoma humano se descifró en 2003. Sabemos qué posición ocupan los más de 22 000 genes del cuerpo humano y qué hacen muchos de ellos. Pero las palabras sueltas, sin frases, no dicen mucho. Descifrar la lengua que hablan los genes debería revelarnos con el tiempo toda esa información. Y eso nos otorgará, como ha señalado la comunidad científica, poderes divinos para mejorar las funciones del cuerpo, para superar la enfermedad y, si la ley lo permite, ajustar el cuerpo y los suministros de alimentos para adecuarlos a las exigencias de un mundo futuro de alta tecnología.

La evolución darwiniana, que se aborda en el capítulo 10, es como un caracol comparada con la velocidad creciente a la que avanza la tecnología moderna. El proceso de *edición de genes*, CRISPR-Cas9, ofrece un ejemplo impresionante de ello con sus estremecedoras posibilidades. Permite cortar un gen defectuoso del genoma y modificarlo o reemplazarlo para reparar el fallo.

La reparación de una secuencia genética defectuosa se efectúa de la siguiente manera. Se usa un virus para el transporte. Se extrae el ADN averiado y se sustituye por el nuevo. El virus inyecta el nuevo ADN en una bacteria, como es su costumbre. Guiada por el ARN, la bacteria encuentra el punto preciso. Una proteína, la Cas9, corta el trozo defectuoso y el sustituto se inserta limpiamente.

Si el gen alterado se encuentra en un óvulo o espermatozoide, será heredado por las generaciones siguientes.

Estas intervenciones, con todo su potencial para hacer el bien, para hacer el mal y, en última instancia, para la creación de superpersonas, deberían someterse a un arduo debate moral durante muchos años.

Afinando

Mientras tanto, la naturaleza tiene sus propios métodos para afinar la expresión de los genes. Además de recurrir a las *mutaciones*, cuenta con *alelos* y con el desconocido y apasionante mundo de la *epigenética*.

Aunque las células poseen dos copias de cada gen (una procedente de cada progenitor), no siempre son exactamente iguales. Cuando esto ocurre, se denominan *alelos*.

Probablemente hayas oído hablar del fraile Gregor Mendel, que cruzaba guisantes de jardín. Algunas de sus plantas daban flores blancas, otras daban flores moradas. Cuando Mendel las cruzó, toda la descendencia dio flores de color morado. Pero cuando volvió a cruzar estas últimas, obtuvo una proporción de 3 plantas de flores moradas por 1 de flores blancas. Solo cuando cruzó entre sí únicamente variedades blancas, toda la descendencia fue de color blanco.

Mendel había descubierto que un par de genes puede expresarse con intensidades distintas. En otras palabras, algunos rasgos son dominantes y otros, por tanto, más débiles o recesivos. En las flores de Mendel, el color morado era el dominante, y el blanco, el recesivo. Pero nadie le prestó atención.

Ahora sabemos que ligeras variaciones genéticas dan lugar a proteínas un poco diferentes que pueden influir en la expresión de un gen. Los genes del color de los ojos, por ejemplo, tienen un alelo para el marrón y otro para el azul. El marrón es dominante, pero si ambos progenitores de ojos marrones son portadores de un alelo recesivo para el azul, hay una posibilidad entre cuatro de que sus descendientes tengan los ojos azules. El color castaño es dominante, pero dos alelos recesivos (o, alternativamente, un peluquero) producirán una persona con un color de pelo rubio.

El hecho de entrelazar las manos con el pulgar derecho o el izquierdo por encima, o de ser capaces o no de enrollar la lengua en forma de tubo también depende de los alelos. (Si puedes enrollar la lengua pero ninguno de tus padres es capaz de hacerlo, entonces o solo uno de ellos o ninguno es tu progenitor biológico). Los alelos también pueden expresar enfermedades. La fibrosis quística es un alelo o gen recesivo. Si ambos progenitores son portadores del gen, sus hijos tienen una probabilidad entre cuatro de heredar la enfermedad, que está causada por la mutación de un solo gen.

Las *mutaciones* resultan de errores genéticos: una letra del código se copia mal o hay un gen defectuoso. Si el error está en un óvulo o espermatozoide, puede transmitirse a la descendencia.

Las mutaciones útiles pueden formar parte del genoma; las inútiles se eliminan. Pero si tienen alguna utilidad, el gen puede conservarse como rasgo recesivo. La anemia falciforme es un ejemplo. Puede matar al individuo, pero lo protege de la malaria mientras viva.

La *epigenética* es algo que está despertando gran entusiasmo dentro de la biología (hay quien la consideraría incluso una revolución). Pero aún es pronto para valorarlo.

La epigenética guarda relación con factores externos a los genes que alteran su expresión. La dieta, la edad, el estilo de vida y las enfermedades pueden hacer que ciertas sustancias químicas de las células activen o desactiven genes. Esto repercute en qué genes se expresan. Aunque parezca increíble, en algunos casos los cambios se han transmitido a la generación siguiente. Esto es lo que genera más revuelo.

Las abejas melíferas son un ejemplo clásico de epigenética dentro de la naturaleza. Las abejas obreras y la que se convierte en reina son hermanas y, por tanto, genéticamente idénticas. Son clones. Sin embargo, la abeja reina es mucho más grande, no tiene aguijón, produce huevos y vive mucho más tiempo. Sus hermanas obreras son pequeñas e infértiles.

La diferencia está en la dieta. La reina solo se alimenta de jalea real durante toda su vida. Las futuras obreras solo se alimentan de jalea real durante unos días y luego se cuidan solas. Viven del polen y la miel. Recientemente se ha descubierto que lo que altera su expresión génica es una sustancia química vegetal que ingieren. Y eso, curiosamente, da lugar a una casta distinta. (Todavía no sabemos cómo se seleccionan las reinas).

La investigación en epigenética se ha centrado en un proceso denominado metilación (o *Me* para abreviar) en el que interviene una molécula particular (CH_3) capaz de adherirse al ADN.

Algunos genes están metilados de manera natural. Pero la molécula CH_3 puede recubrir genes que normalmente no están metilados. Esto puede inhibirlos o sesgar su lectura y, por tanto, influir en la forma en que producen proteínas.

Un experimento que alcanzó gran difusión consistió en desmetilar (despojar del grupo metilo) el gen agouti, que normalmente está metilado en ratones marrones. Los ratones engordaron y se volvieron amarillos y, lo que es más sorprendente aún, sus crías también nacieron de color amarillo y no tardaron en engordar.

Otro estudio se centró en bebés nacidos en Holanda durante la hambruna de 1944 y 1945. Como habían nacido con una metilación reducida del ADN en un gen concreto, estos bebés tendían a padecer diabetes y enfermedades cardiovasculares. El resultado inesperado fue que esa propensión también se manifestó en sus hijos y nietos, pero no en su genoma, de modo que los efectos eran epigenéticos.

La transmisión de características adquiridas a la siguiente generación se había declarado imposible. Lograrlo sin alterar el genoma sería verdaderamente sensacional en caso de ser cierto. Podría transformar la genética moderna, y también la concepción ética si los efectos de nuestro comportamiento pudieran transmitirse en algunos casos a nuestros hijos.

Fin del juego. Además de la actividad incesante que realizan las células, dentro de ellas hay «relojes de arena» diminutos que llevan la cuenta del tiempo transcurrido. Se llaman *telómeros* y no se parecen a relojes de arena, sino a cordones de zapatos. Cada cromosoma tiene uno en cada extremo. Con cada división celular, los telómeros se acortan y se acortan y se acortan, hasta que acaban perdiéndose por completo. Las células dejan de dividirse y se les acaba el tiempo.

La longitud de los telómeros guarda relación con los genes. Otorga una vida más larga a unos, y a otros no. (Hay una enzima capaz de reconstruir los telómeros llamada telomerasa, pero suele desactivarse antes del nacimiento).

Vida nueva. Un logro histórico ha permitido crear en tiempos recientes un genoma sintético diseñado por computadora que se implantó en la bacteria *E. coli*. Las células de la bacteria siguieron las instrucciones del ADN artificial. Incluso se replicaron, aunque muy despacio.

Podría decirse que con ello se creó una forma de vida nueva.

En resumen:

- El ADN es el artífice de la vida. Su alfabeto de 4 letras forma palabras de 3 letras que dan instrucciones a los aminoácidos para fabricar las proteínas que ensamblan el cuerpo.
- Los alelos, pequeñas variantes de los genes, expresan rasgos dominantes y recesivos.

- Cuando un gen se copia mal, está dañado o se altera debido a una enfermedad, pueden producirse mutaciones genéticas. Si se trata de óvulos o espermatozoides, la mutación puede transmitirse a la descendencia.
- Los genes pueden editarse físicamente para corregir errores y evitar enfermedades genéticas.
- Algunos genes modificados por el entorno han aparecido en la siguiente generación sin ninguna alteración del código genético.
- Se ha logrado crear un genoma bacteriano sintético generado por computadora.

9. El busto parlante que piensa

Siento, por tanto, existo.

Thomas Jefferson

En un texto dirigido al expresidente John Adams, Thomas Jefferson rebatió así la famosa afirmación de Descartes: «Pienso, por tanto, existo». Aunque era seguidor de la Edad de la Razón, Jefferson había reparado en que la razón solo es la mitad del asunto, la mitad fiable y autónoma, y que los sentimientos también tienen una importancia capital, ya que sin ellos no sabríamos que estamos vivos.

Pero los sentimientos pueden dar problemas. Había que encontrar un equilibrio sabio y prudente. Jefferson incluso llegó a escribir un breve «Diálogo entre mi cabeza y mi corazón», donde analizó el fin de la relación amorosa que mantuvo con una inglesa encantadora y de talento, pero casada. Se impuso la cabeza, aunque por poco.

El resto de la humanidad también piensa como Jefferson. Cuando surge un problema, sometemos los hechos a un análisis racional, tomamos una decisión meditada y, si es necesario, recurrimos a la fuerza de voluntad para imponerla. Es la mejor estrategia que tenemos, pero es bastante deficiente. No es así como funciona el cerebro.

El cerebro humano es el objeto más complejo conocido hasta ahora sobre la faz del planeta. Este sistema inmenso de comunicación formado por múltiples redes en interacción gobierna el movimiento y las funciones vitales, procesa pensamientos y percepciones, almacena recuerdos e inventa emociones. Confiere el poder del habla y, con la ayuda de los cinco sentidos, interpreta el mundo exterior.

Con todo ello crea la percepción del mundo que llamamos realidad, la sensación del ser individual inmerso en él que llamamos yo, y la percepción autorreflexiva que llamamos conciencia.

Los cerebros son en esencia rastreadores obsesivos de patrones. Esos patrones son tanto innatos (genéticos) como adquiridos a partir de las experiencias acumuladas sobre todo a través de los sentidos. Todas las decisiones «racionales» dependen de lo que hemos vivido antes unido a cualquier información relacionada que transmita el cerebro. Y no tenemos ningún control consciente sobre ello.

Sin embargo, muchas decisiones necesitan poca o ninguna actuación racional. Cuando Roger Federer coloca una bola justo dentro de la línea y justo fuera del alcance de su oponente, lo hace antes de saber incluso que la ha golpeado. Actúa de manera espontánea. Cualquier decisión consciente le habría restado rapidez. El procesamiento de la información sensorial requiere tiempo; el piloto automático es más veloz e implica mayor eficiencia energética.

También los seguidores de Federer ven la jugada únicamente cuando ya ha finalizado. Esto significa que vivimos un poco inmersos en el pasado. Sin embargo, el yo consciente se atribuye el mérito de cada decisión, cuando la mayoría de las veces no es más que un mero espectador, casi una marioneta manejada por un extraño: el subconsciente.

Ir en cabeza

Millones de años atrás, un cerebro primitivo permitió que las criaturas respiraran y que el corazón les latiera. Permitió el movimiento y una conciencia suficiente del entorno que, unida a los instintos de lucha, parálisis o huida, multiplicaba las posibilidades de supervivencia.

En la actualidad conservamos una versión de aquel cerebro primitivo en el *tronco encefálico* y el *cerebelo* o «cerebro pequeño», de los que hablaremos más adelante. Los añadidos que fueron incorporándose en el transcurso de muchos siglos llenaron el cráneo en desarrollo de nuestros ancestros remotos con capacidades y ventajas adicionales. La mayor parte de ellas se integró en el cerebro situado en la zona anterior, el *telencéfalo*. Y esta es la parte a la que solemos referirnos como «el cerebro».

El conjunto completo, lo que se conoce como *sistema nervioso central*, está formado por el encéfalo (cerebro + cerebelo), la médula espinal y los nervios que se ramifican desde ellos sobre todo hacia los órganos sensoriales (figura 8).

Sistema nervioso central

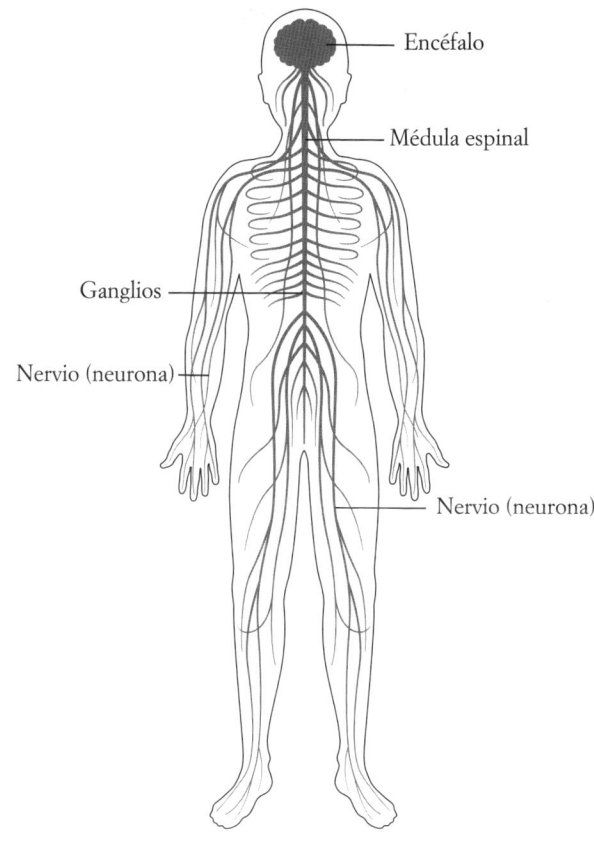

Figura 8. El encéfalo dirige el sistema de mensajería neuronal de todo el cuerpo.

Los *órganos sensoriales*, es decir, los oídos, los ojos, la lengua, etcétera, recopilan percepciones que las *neuronas* envían al cerebro, donde se clasifican, se tienen en cuenta o se archivan.

Las percepciones archivadas te permiten completar una imagen que te conecta con el mundo exterior y te protege de él. Pero aunque la imagen resulte convincente, se trata de una ficción creada por la imaginación. El mundo no tiene imágenes, sonidos, olores ni sabores. El cerebro los construye a partir de los átomos y las ondas de luz que recolectan los órganos sensoriales y que los cerebros organizan e interpretan a partir de patrones almacenados con anterioridad.

Para una persona que nace ciega, las imágenes y los colores no existen. Si la facultad de la visión se adquiere más tarde en la vida, lo que se percibe es una confusión perturbadora de luz. Esto se debe a que los ojos saltan continuamente de un lado a otro. Para «ver» algo hay que identificar patrones desde un principio que permitan crear un modelo que confiera al mundo una apariencia estable. Esto ocurre con los cinco sentidos.

Desde luego, hay muchas cosas que no podemos ver, como los virus, los rayos X, los neutrinos, la materia oscura y Dios sabe qué más, y cuya percepción requiere unos sentidos que la evolución no encontró motivo alguno para favorecer. La ciencia está llenando ese vacío con telescopios, microscopios, aceleradores de partículas y demás.

Autoconocimiento

El cerebro humano medio (figura 9) pesa 1.5 kg. El cerebro de Einstein estaba un poco por debajo de la media con

Cuatro lóbulos del cerebro

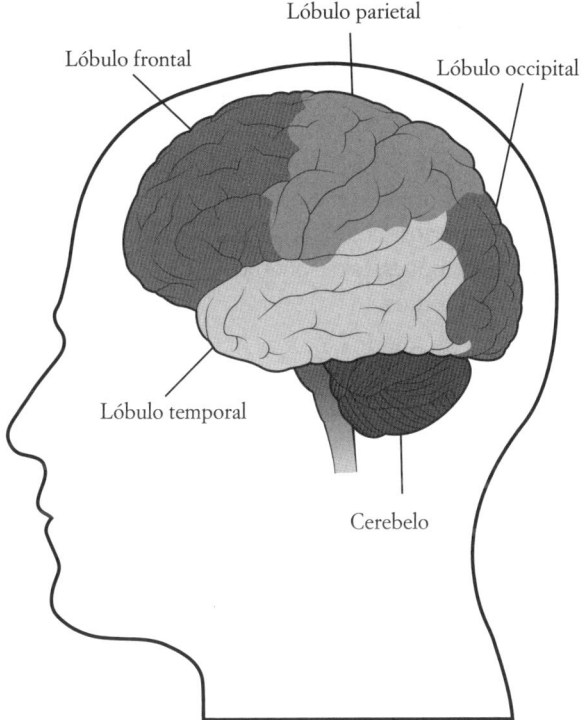

Figura 9. El telencéfalo está formado por cuatro lóbulos, que es lo que solemos denominar *cerebro*. Cada lóbulo cuenta con unas características especializadas. Debajo de él se encuentra un cerebro más antiguo y primitivo pero indispensable, el cerebelo.

sus 1.23 kg de peso. Pero aunque el tamaño del cerebro es crucial, la gran ventaja de la humanidad estriba en el número de neuronas (células nerviosas) que tenemos en él y dónde se localizan. Tu cerebro contiene 86 000 millones de neuronas junto con una cantidad aún mayor de células gliales, más ordinarias, que las mantienen y protegen.

El *cerebro* o *telencéfalo* comprende alrededor del 80 % del encéfalo. Contiene materia gris y blanca. Cada uno de sus hemisferios, conectados por una cuerda fibrosa, gobierna lados opuestos del cuerpo. Cada hemisferio consta de cuatro lóbulos.

La *corteza cerebral* es la capa exterior del cerebro. Este amasijo arrugado y plegado de 16 000 millones de células nerviosas conforma la materia gris, es decir, las células que diferencian el cerebro humano del de otros primates, porque son más numerosas y están conectadas de maneras más intrincadas.

El *cerebelo* o «cerebro pequeño» nos permite mantener el equilibrio y permanecer erguidos. Por sorprendente que resulte, contiene miles de millones de células nerviosas más que el cerebro, pero entre ellas hay muchas menos conexiones.

El *tronco encefálico*, a menudo denominado «cerebro reptiliano», es una estación repetidora entre el encéfalo y el cuerpo. Controla las funciones vitales involuntarias: la respiración, el ritmo cardiaco, la temperatura, los ciclos del sueño y la digestión.

Neurona (célula nerviosa)

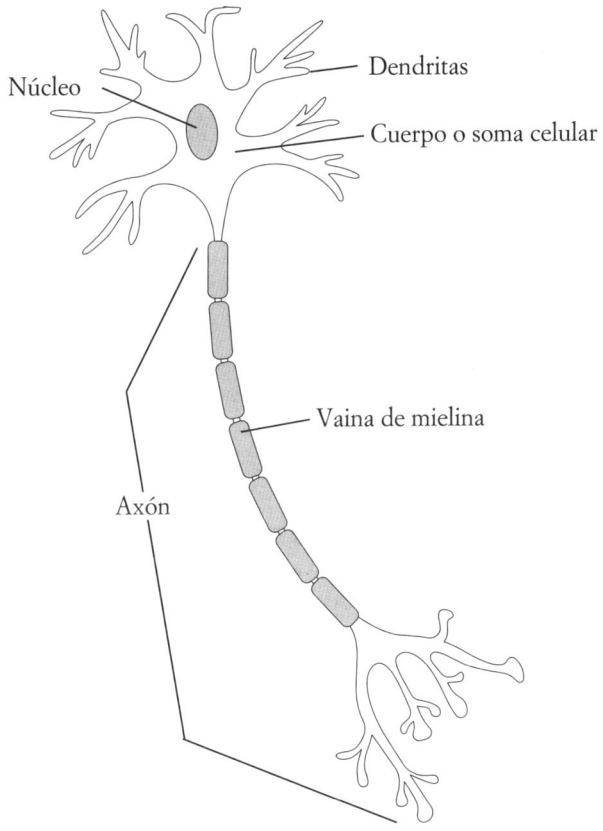

Figura 10. Célula nerviosa o neurona. Su axón único envía mensajes, sus múltiples dendritas los reciben.

Estoy de los nervios

Las neuronas (o células nerviosas) permiten que el cerebro actúe de manera coordinada. Constituyen las autopistas, las carreteras y los grandes nodos de interconexión que enlazan los órganos sensoriales con el cerebro, con los músculos y entre sí.

Las células nerviosas tienen una faceta eléctrica, lo que significa que pueden conversar. Mandan mensajes desde, por ejemplo, el dedo del pie al cerebro y viceversa, y también entre ellas. Envían miles de mensajes por segundo. Una sola neurona puede llegar a tener 10 000 conexiones, y el conjunto completo de la red neuronal tiene unos 100 billones. Facebook y Twitter funcionan a paso de tortuga.

El cerebro necesita energía y su consumo es equivalente al de una bombilla de 20 vatios. Teniendo en cuenta la cantidad de trabajo que realiza, resulta bastante ecológico. Pero también emplea la cuarta parte de la energía que necesita el cuerpo entero, de modo que en este sentido tiene un consumo muy elevado.

Aunque cada área del cerebro está especializada en determinados procesos específicos, siempre son varias las áreas implicadas en cualquier acción. Para sostener un lápiz, por ejemplo, trillones de nervios se conectan entre sí, y varios trillones más se activan para empezar a escribir con él.

La *red neuronal*. Desde el cuerpo o soma de cada célula nerviosa se despliegan largas fibras en forma de hebra, tal como se ve en las figuras 10 y 11. Cada neurona cuenta con un filamento (o axón) de salida, y varios filamentos (o dendritas) de entrada. Los axones, la materia blanca, cuentan con un aislamiento semejante al de los cables eléctricos. La vaina de mielina evita daños en estas células y con gran probabilidad incrementa su eficacia.

Los impulsos eléctricos recorren estos filamentos a toda velocidad, saltando de una neurona a otra, hasta llegar a su destino. Muchos realizan trayectos de ida y vuelta, por ejemplo, desde un dedo del pie magullado hasta el cerebro, y luego de vuelta, para que notes el dolor.

Las neuronas nunca se tocan entre sí. Un neurotransmisor químico transporta las señales eléctricas a través de los angostos huecos que hay entre las neuronas, lo que se conoce como sinapsis. (Véase el esquema ampliado de la figura 11).

Funciones del encéfalo

Telencéfalo o *cerebro*: contiene materia gris y blanca. La corteza cerebral es la materia gris que forma la capa externa del cerebro. Los 4 lóbulos que lo conforman, ilustrados en la página 109, están especializados e interaccionan de la siguiente manera:

Lóbulo frontal: se encarga del pensamiento, la planificación, la resolución de problemas, el movimiento, las emociones (área de Broca), la conciencia de uno mismo y el control de los impulsos.

Neurona (célula nerviosa)

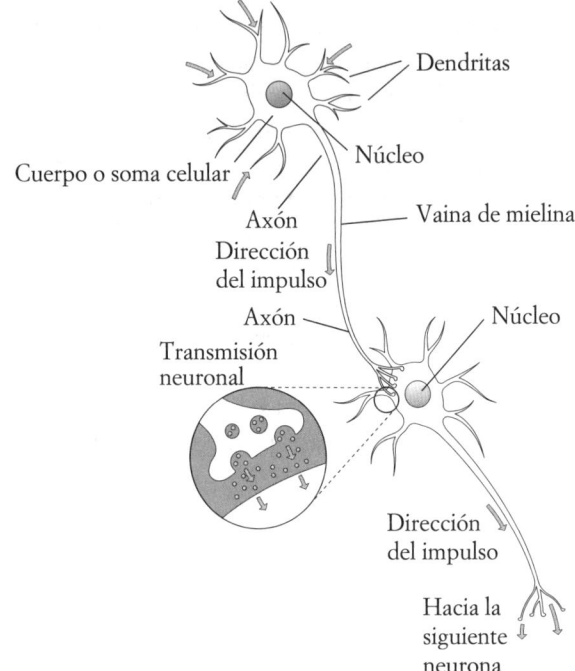

Figura 11. Neuronas en interacción. Los mensajes deben atravesar los espacios vacíos entre las terminaciones nerviosas, tal como se ve en el círculo ampliado.

Lóbulo parietal: integra la entrada de señales sensoriales, la percepción espacial y visual.

Lóbulo occipital: interpreta la visión.

Lóbulo temporal: interpreta la información sensorial. Es importante para la orientación, la navegación, la comprensión del lenguaje (área de Wernicke), el almacenamiento de recuerdos y el aprendizaje. Incluye el *sistema límbico*: el cerebro emocional, exclusivo de los mamíferos. Tiene 4 áreas:

Amígdala: asociada a las emociones, la más conocida de las cuales es el miedo, pero también a la empatía.
Hipocampo: recibe, procesa y transmite información. Almacena recuerdos y los recupera cuando es necesario.
Tálamo: estación central de transmisión y clasificación de información entre el cerebro y cuatro de los sentidos (exceptuando el oído). Participa en la regulación de la conciencia, el sueño y el estado de alerta.
Hipotálamo: controla el sistema nervioso involuntario. Interviene en las emociones y los ciclos de sueño y vigilia. Conecta el sistema nervioso con el hormonal.

Mesencéfalo o *cerebro medio*: ejerce el control motor de la vista y el oído, del sueño y el estado de alerta.

Cerebelo: coordina el movimiento voluntario, la postura y el equilibrio usando la información recibida a través de los ojos, los oídos y los músculos.

Tronco encefálico: incluye la protuberancia y la médula. Conecta el cerebro con la médula espinal y transmite información entre el cerebro y el cuerpo. Es importante para controlar la presión sanguínea y la respiración. Está implicado en el sueño.

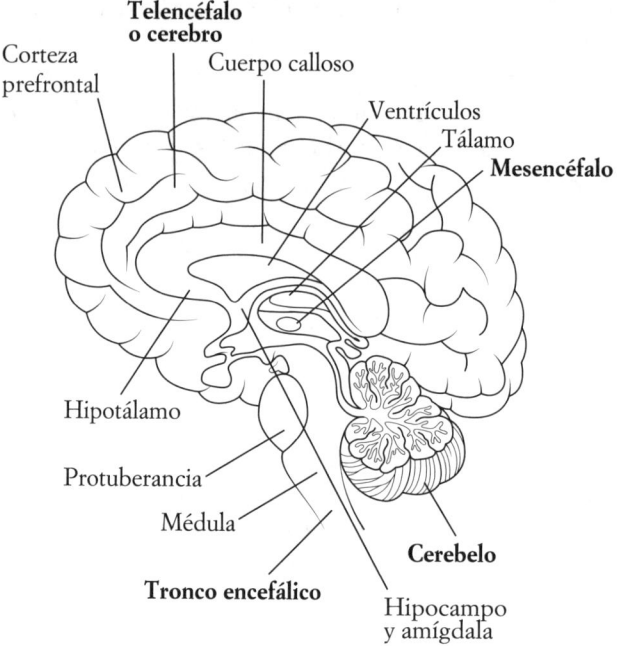

Figura 12. Sección transversal del encéfalo humano.

Protuberancia: control motor, análisis sensorial, sueño y equilibrio.
Médula: supervisa la respiración y los latidos del corazón.

Desarrollo de un bebé

El feto humano fabrica el doble de las neuronas que necesitará en toda su vida. Cuatro semanas después de la concepción, se forman 250 000 neuronas por minuto, pero pocas de ellas están interconectadas. Las conexiones, que son vitales para la estabilidad futura, se establecerán a través de los primeros vínculos emocionales y experiencias.

La poda de las terminaciones nerviosas sobrantes comienza en el útero materno. Lo que quede dependerá de lo que se utilice. Lo que no se usa se pierde, como suele decirse. Es una actuación competitiva destinada a fortalecer las conexiones que queden.

Con la pubertad se produce otra gran reforma, literalmente un ataque de nervios y una puesta al día que remodela la personalidad. La adolescencia es una especie de metamorfosis, como la transformación de la oruga en mariposa. Además de los cambios físicos que producen las hormonas sexuales, en el interior del cerebro ocurren innumerables modificaciones adicionales impulsadas por las hormonas, sobre todo en el sistema límbico y, en especial, en la amígdala (el llamado «cerebro emocional»). La corriente de hormonas provoca la poda de alrededor de la mitad de las conexiones neuronales existentes. El objetivo, una vez más, consiste en reforzar las conexiones que queden.

La asunción de riesgos, la rabia, la agresividad, el miedo, la agitación, las adicciones, la búsqueda de emociones, la impulsividad, la aprobación de los iguales, la ansiedad social, el egocentrismo, la vergüenza, el idealismo, la interpretación errónea de las señales sociales, la gratificación instantánea, los hábitos alimenticios y de sueño… todo ello se ve afectado en la adolescencia.

Por desgracia, la corteza prefrontal, un área pequeña de la frente que es responsable de la planificación, la mesura y la toma de decisiones, es la última parte del cerebro en madurar. Durante la adolescencia estamos a merced del caprichoso sistema límbico, y los padres se ven en la obligación de actuar, cuando es posible, como sustitutos de la tardía corteza prefrontal.

Pero a los 25 años, la corteza prefrontal suele tomar las riendas, y el adulto joven sale de la crisálida. Las facultades físicas y mentales alcanzan su momento álgido. De repente se vuelven posibles las ideas originales y los logros extraordinarios. Albert Einstein propinó el primer gran golpe a la física clásica a la edad de 26 años; Alejandro Magno se apoderó de buena parte del mundo conocido a los 25 años; y el universitario Steve Jobs cofundó Apple a los 21.

Son momentos muy valiosos porque, una vez alcanzado el máximo, comienza el declive. Poco a poco irán feneciendo algunas neuronas, se irá reduciendo la agudeza de la memoria, se irán deteriorando la vista y el oído, y aumentará la posibilidad de sufrir demencia. Las luces se van apagando despacio.

Estados de la mente

La *mente* es un espectro de estados de ánimo en el que intervienen la conciencia, las facultades superiores y las emociones. Algunos la ven como una especie de alma rutinaria.

Ningún estado mental es permanente. Los acontecimientos, bañados en hormonas o drogas, hacen subir y bajar el barómetro por un amplio surtido de estados de ánimo. El profundo dolor del duelo, la satisfacción de realizar una buena acción, la dicha de enamorarse y la elevada sensación que convierte en éxtasis el sentimiento de comunión con el universo, son todos estados mentales inducidos por hormonas o drogas.

Las hormonas implicadas ejercen un efecto mayoritariamente positivo. Las endorfinas son los opiáceos del cuerpo (sus receptores también admiten la morfina, que es capaz de bloquear las secreciones del propio cuerpo para hacernos sentir bien). La dopamina y la serotonina activan la sensación de recompensa y facilitan el bienestar. Sus «subidones» se desencadenan con el ejercicio y los esfuerzos exitosos. La oxitocina, una hormona conocida por favorecer la interacción social, refuerza los vínculos emocionales. Une a la madre con el bebé, al niño con la niña, y ayuda a establecer relaciones de amistad. El cortisol es una hormona del estrés, un producto de los instintos de lucha, parálisis o huida. Una sobredosis puede provocar ansiedad y depresión.

La *consciencia* es un misterio, una realidad, una ilusión, una mente que piensa en sí misma, una manera de hablar sobre las cosas. Es objeto de debate. Pero en general se admite que exige estar despiertos, percibir lo que nos rodea y tener cierta noción de quiénes somos.

Cuando estás plenamente consciente, sabes que sabes cosas. Puedes tener pensamientos en la cabeza y hacer planes con ellos, establecer relaciones y crear cosas como cuadros, empresas, ecuaciones matemáticas y computadoras. La conciencia ayuda a resolver conflictos y a tomar decisiones meditadas.

El conocimiento creciente de la consciencia de los animales está desdibujando la vieja creencia de que es algo exclusivo del ser humano. Los monos y las ardillas usan piedras para partir nueces duras. Los cuervos fabrican ramitas con ganchos para extraer insectos y gusanos. También pueden recordar un rostro humano. Las manadas de lobos se organizan y comunican para seleccionar y abatir presas mucho más grandes que ellos. Un comportamiento asombroso de los milanos y halcones australianos es que cuando hay un incendio forestal suelen trasladar con el pico un palo ardiendo hasta otro lugar para provocar otro incendio y hacer salir posibles presas de sus madrigueras.

No somos más espabilados ni mejores que otros animales percibiendo lo que nos rodea. De hecho, es al revés. La conciencia puede ser una cuestión de grado.

Pensar y sentir. ¿Cuál es la diferencia? A primera vista resulta bastante obvia: se siente con los dedos y se piensa con el cerebro. Los sentimientos son sensoriales y emocionales, pero, al igual que los pensamientos, también son creaciones del cerebro. Todos son reacciones electroquímicas.

Los pensamientos son maneras conscientes de afrontar las necesidades que expresan los sentimientos. Un pensamiento se puede repensar y meditar. Puede provocar un sentimiento y viceversa. Es crucial para resolver problemas y tener ideas repentinas, como un abridor de botellas novedoso o maneras de utilizar los neutrinos. La mayor parte del «pensamiento» creativo es inconsciente.

El sueño. El tercio de la vida que pasas durmiendo no es una pérdida de tiempo. El sueño es un estado de inconsciencia, pero el cerebro sigue trabajando. Los ciclos de sueño duran en torno a 90 minutos y son de dos tipos:

NREM (del inglés *non-rapid eye movement*) o sueño profundo, y REM (del inglés *rapid eye movement*), cuando los ojos se mueven de un lado a otro, como ocurre normalmente. La fase REM es la que produce los sueños y afecta a todos los mamíferos y aves. El cuerpo está paralizado, pero el cerebro permanece muy activo.

Dormir afianza los recuerdos y, al mismo tiempo, deja espacio para otros nuevos. Es importante para el aprendizaje, la inventiva y el bienestar físico y mental. El sueño «devana la enmarañada envoltura de los desvelos» y es «el principal alimento del festín de la vida». Una vez más, la asombrosa intuición de Shakespeare da en el clavo.

Poder hacer

La *inteligencia* se ha descrito como la capacidad para adaptarse a una gran variedad de acontecimientos. En otras palabras, la capacidad para gestionar bastante bien todo lo que te depare la vida. Como herramienta de supervivencia por excelencia, la inteligencia depende de la confluencia de cierta densidad de células nerviosas, un equilibrio hormonal, un metabolismo sano y, por supuesto, la contribución del cerebro. Además, las dotes lingüísticas suponen una gran ventaja. En resumen: los genes proporcionan el equipo, la experiencia aporta información y el lenguaje lubrica los engranajes.

La genialidad parece ser una especie de inteligencia descompensada: un cerebro capaz de alcanzar una concentración inusual en una dirección particular. A menudo ocurre a expensas de otras habilidades, como la capacidad para socializar, como se ve a menudo en las personas con síndrome de Asperger.

Los *recuerdos* son impresiones codificadas y almacenadas físicamente que se pueden recuperar. Para ello contamos con dos clases de memoria: la consciente y la inconsciente. La memoria inconsciente guarda relación con habilidades aprendidas, como tocar el violonchelo, montar en monopatín o manejar un teléfono inteligente. Todas ellas necesitan reforzarse con la práctica para que sean duraderas.

La memoria consciente es la que recuerda experiencias y acontecimientos: el primer amor, el sabor de una galleta, esa idea que tuviste hace poco para un blog en internet. Sin la memoria consciente no serían posibles el lenguaje verbal, la intencionalidad y las experiencias pasadas.

Pero la memoria consciente es tramposa. Los fragmentos de un mismo recuerdo se guardan en diferentes partes del cerebro, ya sea en las células cerebrales o en sus sinapsis (esto aún se debate). Como están conectados entre sí por asociación, para recordarlos debemos volver a montar todos los trozos, como si se tratara de un rompecabezas. Quizá sea esta la razón por la que, cada vez que recuperas una pieza, la encuentras ligeramente cambiada. Y esto sucede en verdad cada vez.

Los sentimientos ayudan a afianzar con firmeza los recuerdos. La autobiografía del escultor renacentista Benvenuto Cellini comienza con su primer recuerdo. La familia está sentada alrededor de la chimenea cuando, de repente, ve una salamandra entre las llamas. Una visión rara y fabulosa, con asociaciones míticas, que entusiasma al niño. De repente, el padre se inclina hacia delante y le propina un bofetón. «Así recordarás siempre que viste una salamandra en la lumbre», le dice, cargado de razón.

A medida que se envejece, los recuerdos empiezan a parecerse a un rompecabezas. Pero cuantas más asociaciones tenga un recuerdo, más probable será que se conserve con firmeza. Los nombres propios suelen ser lo primero que se pierde. Tom, Dick y Harriet se fijan mal comparados con Caballo Loco, Nube Negra y Toro Sentado. Algo que cabría tener en cuenta si estamos a punto de ser padres.

Los recuerdos son cruciales para cualquier actividad. Causan placer o dolor, pero no son registros verdaderos del pasado.

El *libre albedrío,* la capacidad para actuar con libertad y decidir por uno mismo, es otra ilusión presuntuosa. Además de estar influidos desde fuera, también estamos influidos desde dentro de maneras que escapan a nuestro entendimiento o a nuestra capacidad para cambiar. La neurociencia ha implicado un replanteamiento de nuestra orgullosa noción de libre albedrío. Este debate anima la filosofía actual.

En resumen:

- En el capítulo 5 comparamos las células de tu cuerpo con una confederación de Estados semejantes a Liliput que están sometidos a tu mandato imperial. Para ampliar el símil, diremos que la corteza cerebral es la residencia real de tu Conciencia Suprema (uno de los numerosos títulos honoríficos que ostentas).

- Los gobernadores provinciales también residen en palacio. Regentan sus propios dominios, pero como están bien acotados, se encuentran bajo tu supervisión y a tus órdenes.

- Tanto si te pasas el día leyendo a Proust como si lo dedicas a ver la televisión, a asistir a conciertos de música pop o a holgazanear con personajes de la talla de Madame de Montespan vestidos de gala, la corte bulle con sus actividades propias. Cada facción tiene sus intereses regionales particulares. Pueden estallar revueltas dentro de cada facción y entre ellas. Las discordias nunca cesan, ya que las facciones compiten por ganarse la influencia, la supremacía y la atención del dirigente imperial. No sucede nada sin que se produzca un gran alboroto.

- Cuando te dignas a consultar con la corte, da comienzo una deliberación ordenada. Pero la rivalidad no cesa ni siquiera entonces. El deseo de acallar a los demás, de captar la atención y de salirse con la suya afecta a los consejos que recibes de tus súbditos.

- Unas veces los escuchas y otras no. Ellos viven en la oscuridad; tú eres el rey sol. La decisión es tuya en última instancia, y te llevarás todo el mérito, en especial si es acertada, como suele ocurrir. Pero en realidad lo que se encuentra entre tinieblas es tu Conciencia Suprema, una figura irreal dirigida por una corte interesada y alborotada. Nada puedes hacer para cambiarlo. Debéis convivir todos juntos. De modo que lo mejor es afrontar la realidad. Al rey Carlos I de Inglaterra le cortaron la cabeza. Tú sigues teniendo un palacio, una posición, títulos e innumerables prebendas.

10. Siempre a mejor

He llamado selección natural *a este principio que conserva cualquier variación ligera en caso de ser útil.*

Charles Darwin

La obra de Charles Darwin titulada *El origen de las especies mediante selección natural* se publicó en 1859. La edición se agotó el mismo día y con ella empezó a cambiar para siempre la mentalidad del mundo.

A la edad de veintitantos, Darwin había pasado cinco años como naturalista a bordo de un buque visitando América del Sur, Australia e islas remotas del Pacífico en un viaje alrededor del mundo. *El origen de las especies*, tal y como acabó conociéndose la obra, surgió como resultado de las observaciones que Darwin había efectuado y sobre las que había reflexionado a lo largo de décadas, ya que en el momento de su publicación el autor tenía 50 años.

Todas las criaturas vivas luchan por sobrevivir dentro de su hábitat, señalaba Darwin, y las más aptas (es decir, las mejor adaptadas al entorno) tienen más éxito. Como consecuencia, tienen más descendencia a la que transmitir sus ventajas. Y lo mismo ocurrirá con sus descendientes, y así sucesivamente. Con el tiempo, estos cambios insignificantes pero exitosos pueden modificar toda una especie, o dar lugar a una nueva.

En otras palabras, unos pocos seleccionados por la naturaleza en cada generación de acuerdo con su capacidad para sobrevivir han evolucionado a lo largo de millones de años a partir de un único ancestro hasta dar lugar a todas las criaturas vivas que hay en el planeta.

Dios no aparecía por ningún lado en esta visión.

La idea de la selección natural había surgido algún tiempo atrás. Un jardinero escocés cualquiera había llegado a las conclusiones de Darwin 25 años antes, y las había publicado en un libro sobre el uso de la madera en construcción naval que había permanecido completamente ignorado.

En 1844 se publicó una obra anónima que sugería que los humanos descienden de primates inferiores. (El autor oculto era un editor escocés dedicado al negocio de la venta de Biblias). Alarmado por el revuelo que provocó aquel libro, Darwin dejó sus copiosas notas arrumbadas en el último de sus cajones.

Catorce años más tarde, Darwin recibió un ensayo de Alfred Russel Wallace, un joven naturalista que vivía en Borneo, en el que se exponían puntos de vista muy similares a los del propio Darwin. Había llegado la hora de actuar. Darwin se dio cuenta de que debía publicar o, de lo contrario, quedaría relegado al olvido.

El origen de las especies causó furor. Las creencias religiosas que durante siglos habían otorgado seguridad, esperanza y explicaciones creíbles sobre nuestra existencia empezaron a desmoronarse. También se desvaneció la sensación humana sobre nuestra superioridad casi divina en el planeta. «El hombre desciende de un cuadrúpedo peludo, con cola y de hábitos probablemente arborícolas», escribió Darwin.

Sin embargo, algunos encontraron un atractivo inapelable en la «supervivencia del más apto», una historia de ascenso social en solitario hasta alcanzar la cima. Ajenos a que ellos mismos dependían de las bacterias y a que estaban invadidos por ellas, se jactaban de haber dejado muy atrás a sus inferiores antepasados. La Biblia decía que la humanidad debía someterlos, y ellos estaban encantados de acatarlo.

Una ojeada más de cerca

En realidad, la teoría de Darwin adolecía de una gran laguna. ¿Cómo se transmitían estas modificaciones de mejora, estas mutaciones?

Los agricultores habían practicado el cultivo selectivo durante siglos, así que ciertamente se producía. Darwin había visto algunas variedades extrañas de aves muy conocidas en las remotas islas Galápagos: cormoranes que habían perdido la facultad del vuelo y pinzones que picoteaban a otras aves para chuparles la sangre. Él creyó que podía deberse a algún tipo de combinación parental.

Lo cierto es que Gregor Mendel (el monje que cruzaba guisantes de jardín, véase la página 98) brindó gran parte de la respuesta. Sabía que los rasgos no se mezclan, sino que consisten en pequeños trozos que al barajarse durante la reproducción tienen efectos dominantes y recesivos en la descendencia.

Darwin, por desgracia, no había oído hablar de Mendel. Pero Mendel sí estaba al tanto de Darwin y, como no lo convencía la idea darwiniana de que la herencia se producía mediante mezcla, Mendel lo ignoró.

Todo el mundo desoyó a Mendel. Sus trabajos no recibieron atención hasta 1900 y entonces se acuñó la palabra *gen* para aludir a aquellas misteriosas motas capaces de mutar y de transmitir caracteres.

¿Pero cuál es la causa de las mutaciones? Ahora sabemos que se deben a errores en el ADN (véase el capítulo 8). El fallo en una letra del código genético formado por cuatro letras cambia la receta de la proteína. Es como confundir la sal con el azúcar al endulzar el café.

De modo que la acumulación de pequeños errores aleatorios a lo largo de millones de años fue la causa de nuestra emergencia.

Adaptación

Pero las mutaciones genéticas solo constituyen la mitad de la historia, ya que la utilidad de una mutación depende del hábitat del portador.

Los asteroides, el hielo, los volcanes, los terremotos, las inundaciones y las sequías han causado estragos en la Tierra en repetidas ocasiones. Los cambios en el clima alteraron las temperaturas y, con ello, la cantidad de alimento disponible. Especies enteras desaparecieron y fueron reemplazadas por otras más aptas para sobrevivir en las nuevas condiciones.

La competencia por el alimento y por reproducirse (el instinto para transmitir los genes propios), junto con las preferencias de las hembras, también han tenido gran peso en el devenir de la evolución. Lo mismo sucede con la eficacia de los medios de autodefensa. (Todo ser forma parte de la cadena alimenticia, lo que supone un riesgo para la vida a menos que se trate de un vegetal capaz de regenerarse).

Las alas superan con facilidad a las piernas, los colores permiten camuflarse y el veneno aturde o mata. Los ojos tuvieron tanto éxito que evolucionaron varias veces de forma independiente. Morder, engancharse, arañar, picar, la astucia y también el tamaño y la musculatura incrementan lo suficiente las posibilidades de supervivencia como para lograr transmitir los genes.

Las armas del carácter también evolucionaron. El miedo puede hacernos la vida imposible, pero nos mantiene atentos a los peligros. La otra cara de la moneda es, por supuesto, la agresividad, un rasgo muy apreciado por especies de toda índole, como serpientes, tiburones, avispones, tigres, gorilas y esos que tú ya sabes.

El conflicto entre machos es, en cualquier caso, una purga genética para distinguir a los mejores. Sin embargo, la decisión definitiva es de las hembras. Ellas suelen elegir qué genomas masculinos (de entre los individuos supervivientes) merecen conservarse en su opinión.

Los machos humanos se negaron a acatar esto y son una excepción. Hasta tiempos recientes, la mayoría de las mujeres eran secuestradas o se casaban con el hombre elegido por su padre. Algunas todavía lo hacen.

Las hembras buscan fortaleza y salud en los machos, pero también caen rendidas ante rasgos llamativos. El pavoneo de los pavos reales ofrece un buen ejemplo de ello. La cornamenta, útil tanto para la lucha como para lucirse, cumple una doble función. Pero desarrollar un par de troncos sobre la cabeza cada año consume energía, por mucho que reflejen buena salud. Además, cuando los fanfarrones se exceden, la naturaleza suele ponerles freno. Es probable que el alce irlandés, provisto de una magnífica cornamenta ramificada, no pudiera levantar la cabeza del agua lo bastante rápido en caso de peligro, y se extinguió.

Cantos y bailes, perfumes, plumajes extravagantes y colores chillones adornan el juego del apareamiento. La elección de las hembras influyó en la apariencia física. La percepción de la belleza parece algo programado, aunque varíe dependiendo de los ojos que la miren. La estética del pavo real no es la del lagarto cornudo, aunque ambos sean aficionados a exhibirse.

Antecedentes

Retrocedamos en el tiempo unos instantes y analicemos las dificultades que plantean los entornos cambiantes. Cuando surgió la vida, hace unos 4000 millones de años, casi no había oxígeno en la atmósfera ni nada que la protegiera de la radiación ultravioleta del Sol. Después, unos mil millones de años más tarde, un conjunto de bacterias primitivas llamadas cianobacterias empezó a transformar el planeta en un mundo habitable. Las cianobacterias fueron, literalmente, el aliento de la vida: nos proporcionaron oxígeno, ¡y todavía lo hacen!

Recordemos que las plantas fabrican su propio alimento y el de casi todo el resto de seres vivos. Tal como se explica en el capítulo 2, utilizan agua y clorofila para convertir los rayos del Sol en carbohidratos, al tiempo que liberan oxígeno durante el proceso. La asombrosa proeza de la fotosíntesis la realizan diminutos cloroplastos en el interior de la planta. Los cloroplastos son cianobacterias evolucionadas. El oxígeno y el alimento junto con la atmósfera protectora, que convierten la Tierra en un planeta habitable, fueron y son obra de las plantas. Más nos vale tenerlo bien en cuenta.

Con un suministro tan enorme de oxígeno, la evolución se desplegó en todas direcciones y lugares donde encontrara un nicho. Las criaturas que vivían protegidas en los océanos salieron a rastras a conquistar la tierra firme. (Más tarde, algunas regresaron a las aguas). La mayoría de los tipos básicos de organismos vivientes en la actualidad ya existía hace 540 millones de años. Lo sabemos porque dejaron una huella duradera transformados en fósiles.

Los tres grandes dominios de la vida, *bacterias, arqueas* y *eucariotas* (organismos provistos de células con núcleo), se subdividieron en seis reinos: *bacterias, arqueas, protistas, hongos, plantas* y *animales*. En el transcurso de 400 millones de años se produjeron 5 catástrofes que aniquilaron la mayoría de las especies vivas. La más famosa ocurrió hace 66 millones de años, cuando un asteroide descomunal impactó contra la península de Yucatán, en México. La devastación resultante acabó con todos los dinosaurios (excepto las aves). Aquel suceso trascendental, llorado por niños de todo el mundo, permitió que unos pocos mamíferos temerosos y nocturnos empezaran a abrirse camino. Nosotros somos sus descendientes.

Primero yo

El interés propio es el primer motor de la vida, por defecto. Pero el yo tiene sus matices. Una esponja marina, probablemente el primer animal resultante de la evolución, no es más que un conglomerado de células unidas entre sí con laxitud. Si separamos una, no afecta en absoluto a ninguna parte del resto del cuerpo.

La carabela portuguesa, con sus largos tentáculos venenosos, va un paso más allá. Está formada por cuatro grupos de organismos. Cada grupo realiza una función especializada, de modo que no podría vivir de forma independiente.

Después están los organismos formados por más de un cuerpo, como las colonias de hormigas y de abejas. Aunque la abeja reina y sus hermanas subordinadas a ella comparten los mismos genes, realizan funciones fijas y distintas. La colmena se comporta como un cuerpo único, aunque disgregado. Las abejas son las células, y la reina, el núcleo. La colmena permanece unida por un pegamento hormonal.

Los humanos somos muy sociales. Enseguida nos unimos para conseguir comida, diversión y seguridad, así como sexo. Hasta nos arriesgamos a la destrucción propia por el bien común. Pero, aunque nos importe mucho la individualidad, dependemos demasiado unos de otros para sobrevivir mucho tiempo solos, igual que la carabela portuguesa.

Después de Darwin

Desde que se descifró el ADN tenemos algunas cartas nuevas sobre la mesa de la evolución, y los genetistas se están dedicando a ajustar en consonancia las reglas del juego. Estas cartas nuevas se denominan *transferencia horizontal de genes* (o HGT, por sus siglas en inglés).

Ahora sabemos que las bacterias pueden intercambiar genes que flotan libremente, y de hecho lo hacen. Es posible que estos «genes saltarines» dieran inicio a una forma primitiva de evolución, mientras que hoy en día siguen influyendo en los genomas.

Desde tiempos remotos, los virus se han apropiado de genes ajenos y los han introducido en genomas de otros organismos. En torno al 8 % de cada genoma humano guarda relación con virus.

Los errores que se deslizan en el ADN pueden favorecer que un gen produzca una o más copias adicionales de sí mismo. Si una cadena duplicada contiene una mutación útil, esa mutación podría convertirse en un nuevo gen. O un gen nuevo podría compartir su función con su duplicado de manera que resulten dos genes nuevos. La duplicación reiterada explica la aparición de múltiples genes útiles en los códigos genéticos. Los humanos tenemos 400 genes para el olfato; los perros tienen 800.

También es posible la duplicación de cromosomas enteros. El síndrome de Down es un ejemplo de ello.

A pesar de estas complejidades recién descubiertas, la selección natural de Darwin sigue siendo válida, ya que sea cual sea el origen de un gen, la utilidad decidirá su futuro dentro de un genoma.

Después del origen

La evolución puede necesitar millones de años, como cuando da lugar a una especie nueva. Pero también puede ocurrir con rapidez. En menos de un siglo, las palomas y las polillas se volvieron de color gris para confundirse mejor con la contaminación de las ciudades. Y la replicación hiperveloz de las bacterias es capaz de generar una cepa resistente a los antibióticos en cuestión de horas.

Hemos tardado eones en llegar a donde nos encontramos hoy. Pero ¿dónde estamos? Los animales son una rama menor en el árbol evolutivo, y nosotros, los seres humanos, somos un mero brote de la rama animal, tal como se ve en la figura 13. Sin embargo, tenemos un cerebro muy superior. Gozamos de una capacidad única para gobernar el entorno que nos rodea, y estamos empezando a controlar los genes. Estamos en forma, somos poderosos, somos creativos y somos peligrosos. Para celebrarlo, hemos podado el viejo y arcaico árbol ancestral; le hemos cortado las ramas y hemos creado una obra de arte más conveniente y original: un magnífico tótem en cuya cima nos hemos coronado a nosotros mismos con soberbia.

El árbol de la vida

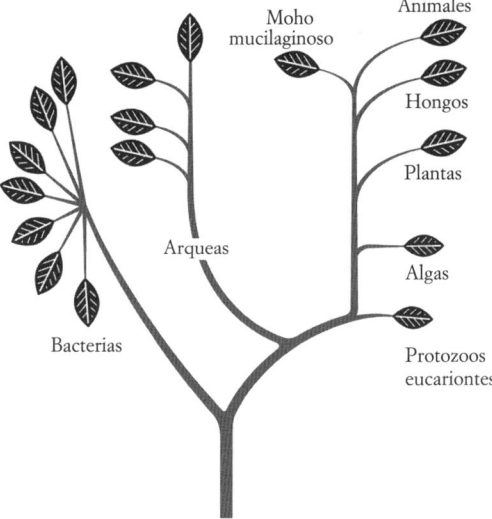

Figura 13. El árbol de la vida, obtenido a partir de una sola célula o «bellota».

En resumen:

- La evolución se produce mediante la transmisión de mutaciones genéticas fortuitas que han resultado útiles.
- La utilidad depende del entorno.
- Las mutaciones se deben a errores en el ADN provocados por sustancias químicas, la radiación, la vejez y, sobre todo, los virus.
- La capacidad de las bacterias para intercambiar genes, y la de los virus para transportarlos, han sido cruciales para la evolución.
- La competencia, la concepción de lo bello y las dotes defensivas también han influido en el devenir de la evolución.

Cinco extinciones masivas

Ordovícico-Silúrico	439 millones de años atrás, 86 % de extinción
Devónico tardío	364 millones de años atrás, 75 % de extinción
Pérmico-Triásico	251 millones de años atrás, 96 % de extinción
Triásico-Jurásico	201 millones de años atrás, dominio de los dinosaurios
Cretácico-Paleógeno	66 millones de años atrás, 76 % de extinción

Línea temporal de la vida
(Las fechas son aproximadas)

3800 millones de años atrás	Aparición de los microbios primitivos. Último ancestro común universal de todas las células vivientes en la actualidad (LUCA)
3700 millones de años atrás	Fósiles más antiguos que se conocen
3600 millones de años atrás	Probable aparición de los virus
2600 millones de años atrás	Las cianobacterias crean la fotosíntesis
1600 millones de años atrás	Célula con núcleo que contiene ADN
1100 millones de años atrás	Primeros organismos de producción sexual

800 millones de años atrás	Emergencia de conglomerados de células simples
700 millones de años atrás	Vida pluricelular de cuerpo blando
640 millones de años atrás	Primeros animales: las esponjas
630 millones de años atrás	Los organismos adquieren simetría: arriba, abajo, izquierda, derecha; su tamaño aumenta
540 millones de años atrás	Aumento del oxígeno, fin de los glaciares. Emergencia de estructuras corporales básicas
530 millones de años atrás	Desarrollo de la columna vertebral (vertebrados)
475-400 millones de años atrás	Plantas terrestres y diversidad de criaturas vivas
400-360 millones de años atrás	Insectos, arañas, milpiés y hongos
370 millones de años atrás	Primeros anfibios y animales de cuatro patas
320 millones de años atrás	Primeros reptiles
225 millones de años atrás	Dinosaurios
200 millones de años atrás	Primeros mamíferos
150 millones de años atrás	Primeras aves
140 millones de años atrás	Primeras plantas con flor, así como insectos y abejas

75 millones de años atrás	Los ancestros de los primates y los roedores se separan. Aún comparten la mitad de sus genes.
66 millones de años atrás	La caída de un asteroide mata a todos los dinosaurios, excepto a las aves. Comienzan a prosperar los pequeños mamíferos
65-38 millones de años atrás	Mamíferos placentarios, ballenas, murciélagos, diversidad de aves y plantas
55 millones de años atrás	Primeros primates
15 millones de años atrás	Los homínidos se separan de sus ancestros gibones
11-7 millones de años atrás	Los chimpancés y los humanos se separan, pero comparten el 98 % de sus genes
315 000 años atrás	Aparecen los primeros humanos modernos, el *Homo sapiens*

11. En busca de los ancestros

Recuerda siempre que eres absolutamente
único, igual que todos los demás.

Margaret Mead

Un buen día, unos cuantos monos primitivos descendieron de los árboles y partieron a grandes zancadas a curiosear. Eran adaptables en todos los sentidos. El tiempo pasó. A medida que atravesaron sabanas abiertas empezaron a caminar erguidos equilibrándose sobre las articulaciones de las patas traseras. El cerebro se expandió, las piernas se alargaron para adaptarse a una zancada ambiciosa. Y las extremidades que se habían transformado en brazos, se acortaron para controlar mejor unas manos prensiles fuertes, capaces de saludar a los adversarios con un puño apropiado.

Eran los selectos, unos pocos escogidos: sus genes fueron la joya de la corona que transfirieron a sus mejores descendientes, los más brillantes.

A medida que pasó el tiempo, todos los que no lograron mantener el ritmo o una buena posición se quedaron por el camino, de una forma u otra, en la larga marcha de los más capaces hacia la historia. Hasta que al final solo perduraron los escogidos. Cuando llegaron Adán y Eva ya no quedaba nada que los conectara con aquellos antepasados remotos que, desde los árboles, aullaban nerviosos a su paso.

La caza mayor

El origen de las especies de Darwin había tumbado el mito bíblico de la creación, y con ello dio comienzo la busca y captura del «eslabón perdido» que conectara al hombre con el mono y confirmara la teoría que tanto había conmocionado al mundo.

Unos fragmentos de esqueleto fosilizado hallados unos años antes (1856) en el valle alemán de Neander se desempolvaron y asignaron a una especie nueva de homínidos: los neandertales. Con el tiempo su antigüedad se dataría en 40 000 años.

En África, declarada cuna de la humanidad, empezaron a desenterrarse fósiles de huesos ligeramente simiescos o humanos, poco frecuentes hasta entonces. Los huesos, dientes y cráneos fosilizados fueron catalogados minuciosamente de acuerdo con el sistema de clasificación del siglo XVIII: filo, orden, familia, género y especie.

El género *Homo* comprendía tanto a los humanos modernos como a los arcaicos, u homininos, como se los denomina hoy en día. Para pertenecer a la categoría de los homininos era necesario al menos un rasgo anatómico propio de los humanos, pero inexistente en los chimpancés. Otra subdivisión en *especies* definía a grandes rasgos los grupos que no podían cruzarse y producir descendencia.

Tres descubrimientos de homininos tempranos resultaron cruciales: el hombre hábil *(Homo habilis)*, el hombre erguido *(Homo erectus)* y Lucy *(Australopithecus)*.

Los restos fósiles del hombre hábil *(Homo habilis)* se descubrieron en 1960 junto a las toscas herramientas de piedra tallada que dieron nombre a la especie. Con 2.4 millones de años de antigüedad, el hombre hábil es, hasta ahora, el primero conocido que fabricó herramientas y el miembro más antiguo que se ha hallado del género *Homo*.

Los huesos fosilizados del hombre erguido *(Homo erectus)* se encontraron en Java en 1891. Este bípedo alto, robusto, de cejas gruesas y desprovisto de barbilla también podría haberse denominado «hombre errante». Puesto que se trata del primer hominino conocido que se aventuró fuera de África, se han encontrado fósiles del hombre erguido en Europa, Asia oriental y Siberia, así como en Indonesia. Esta especie de 1.8 millones de años de antigüedad seguía existiendo hace 200 000 años.

Al ser la especie de homininos más longeva y más parecida a los humanos, es posible que el consumo de carne explique en parte el crecimiento cerebral, el perfeccionamiento de las herramientas de piedra y la enorme resistencia que caracterizan al *Homo erectus*. Los machos eran más grandes que las hembras, lo que demuestra que la división del trabajo se había convertido en norma. Lo más probable es que nosotros mismos (así como otras especies de homininos) descendamos del *Homo erectus*.

En 1973 se descubrió en el norte de Kenia el esqueleto fosilizado de una pequeña hembra arcaica mitad mono mitad humana, que causó un gran revuelo en todo el mundo. Este bípedo pequeño e inestable tenía los dientes grandes, los brazos tan largos que le llegaban hasta las rodillas (útiles para subirse a los árboles), los pies parecidos a los humanos y el cerebro del tamaño del de un chimpancé. Este hallazgo permitió rastrear la evolución hasta la increíble época de unos 3.5 millones de años atrás. Aquellos restos apodados Lucy, por la canción de los Beatles «Lucy in the Sky with Diamonds», pasaron a formar parte enseguida de un género diferente, anterior al *Homo*, llamado *Australopithecus*.

Este género estaba formado por criaturas claramente primitivas, pero vagamente humanas que habían vivido en el sur de África. Todas tenían dientes grandes, cerebros de un tamaño similar al del chimpancé, cejas bajas y muy pronunciadas y con la mitad inferior de la cara prominente

Evolución del cráneo

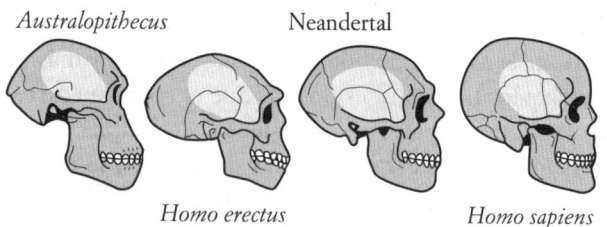

Figura 14. Evolución del cráneo.

pero desprovista de barbilla. Caminaban erguidas, pero con las piernas cortas y los brazos largos, se sentían más cómodas en los árboles (aunque parece que Lucy murió al caer de uno).

En la actualidad se encuentran fósiles de homininos con bastante frecuencia. En los últimos 30 años, se han descubierto más de 20 especies nuevas, lo que permite llenar el vacío de unos 7 millones de años que transcurrieron desde que nos separamos de los chimpancés, con los que compartimos el 98 % de los genes.

Además, los homininos antiguos están revelando sus secretos. Fósiles de hasta 50 000 años de antigüedad se están datando de manera fiable con la desintegración del carbono-14 y un procedimiento más novedoso, la desintegración uranio-plomo, que permiten calcular fechas mucho más antiguas (véase la página 214). Los continuos avances tecnológicos para analizar los restos hallados están convirtiendo la antropología en una ciencia en el verdadero sentido de la palabra.

Ahora se sabe que el ADN permanece en los fósiles mucho tiempo después de la desaparición del organismo en cuestión. De modo que especialistas en genética han empezado a leer la autobiografía de los homininos. Según dicen, su historia se despliega como un emocionante *thriller* a medida que se descifran páginas nuevas, que se ensamblan nuevos capítulos, y la trama se torna cada vez más enrevesada.

La visión asentada de la evolución humana como una sucesión de criaturas cada vez más parecidas al ser humano que acaban convirtiéndose en nosotros se ha ido al traste. La realidad se parece más a un revoltillo. Ahora sabemos que coexistieron varias especies de homininos y que hubo mestizaje entre ellas.

Los inadaptados

Curiosamente, varios de los fósiles más antiguos se cuentan entre los que se han encontrado en tiempos más recientes. Es posible que algunos de ellos fueran «fósiles vivientes» incluso durante su existencia, sobre todo los llamados *hobbits* y el *Homo naledi*.

Hobbits (Homo floresiensis). En 2003 se hallaron huesos fosilizados de minúsculas criaturas simiescas en la isla indonesia de Flores. Tenían la estatura de un niño de cuatro años y la cabeza de un tamaño infantil con las cejas prominentes típicas del *Homo erectus*. Pero también tenían otros rasgos más primitivos que los asemejaban a *Australopithecus*, anteriores al *Homo erectus*. (Recibieron el apelativo de hobbits por las criaturas antropomorfas de baja estatura que aparecen en la obra *El señor de los anillos*, de J. R. R. Tolkien).

Junto a los esqueletos se encontraron herramientas de piedra de un millón de años de antigüedad y otras de tan solo 50 000 años. Algunos fósiles de hobbits se han datado ahora en 700 000 años de antigüedad.

El hecho de que estos seres verdaderamente arcaicos estuvieran todavía vivos y coleando hace 50 000 años, tal como indican sus herramientas, arruinó por completo el modelo estándar de la evolución humana. El paleomundo se sumió en la polémica y se armó una buena. Muchos expertos se negaron a considerar a los hobbits como una especie distinta, alegando que eran individuos enfermos o enanos. Otros propusieron que descendían del *Homo habilis*, que al parecer nunca había salido de África.

A pesar del diminuto tamaño de los hobbits, en la actualidad se cree que encajan mejor con el *Homo erectus*, lo que, además, se ha visto reforzado por otro hallazgo reciente. Se cree que los cráneos fósiles desenterrados en Dmanisi (Georgia), que datan de 1.8 millones de años atrás, son una versión arcaica del *Homo erectus*. Esto propició que se especulara con la posibilidad de que el *Homo erectus* se originara en Eurasia, migrara a África cuando el clima empeoró y tuviera el acierto de regresar cuando mejoró.

En tiempos muy recientes se han localizado en China herramientas de piedra de más de dos millones de años. Esta referencia temporal, no muy anterior a la de las herramientas africanas del *Homo habilis*, respalda las teorías de que los homininos no se originaron en África, sino en Oriente y, también, que los cruces entre homininos fueron mucho más tempranos y generalizados de lo que se creía en el pasado.

Homo naledi. En 2013, dos jóvenes exploradores se introdujeron en un foso oculto en las profundidades de una cueva cerca de Johannesburgo (Sudáfrica) y, para su asombro, encontraron un montón de huesos fosilizados que sobresalían del suelo. Al examinarlos se comprobó que los huesos exhibían una mezcla demencial de rasgos anatómicos. Aunque eran en parte como el *Homo habilis* (con dedos curvados y articulaciones primitivas en hombros y caderas), las manos, las piernas y los huesos de los pies eran similares a los de los humanos modernos.

Con 300 000 años de antigüedad y estando a tanta distancia temporal del hominino más antiguo conocido, el *Homo naledi* podría seguir siendo la especie más primitiva de todo el género *Homo*, lo que supuso un golpe definitivo a las escalas evolutivas ordenadas y a los árboles ancestrales que se ramifican hacia arriba.

Parientes cercanos

Los *neandertales* llegaron del frío en todos los sentidos. Eran originarios de África y migraron a Europa unos 450 000 años atrás, probablemente siguiendo la costa del Cuerno de África, desde donde continuaron hacia Eurasia. Al ramificarse hacia el norte y el oeste, soportaron la última glaciación solo para que eones más tarde sus parientes modernos los consideraran majaderos de cejas bajas algo más avanzados que cuadrúpedos y sin nada que ver con nosotros.

Pero esa idea habría de cambiar.

Su constitución robusta y un cerebro ligeramente mayor que el nuestro convertían a los neandertales en cazadores formidables de mamuts, rinocerontes y bisontes. Usaban herramientas de piedra talladas con precisión y lanzas afiladas para atacar a corta distancia cuyas puntas de piedra pegaban ingeniosamente con brea de abedul caliente. Pescaban, atrapaban aves, construían refugios con estacas y postes y utilizaban el fuego para alumbrarse, calentarse y cocinar. Se vestían con pieles de animales tratadas con los dientes para darles flexibilidad, y se adornaban el cuerpo con collares de caparazones y pintura ocre. Tocaban flautas de hueso y se animaron a trazar símbolos abstractos en paredes de cuevas. Y lo que es más importante, disfrutaban de la facultad del habla (tal como probablemente hacían también otros homininos).

Además, los neandertales enterraban a sus muertos. Las flores halladas en un enterramiento neandertal sugieren que usaban rituales, que entendían de hierbas y que tal vez creyeran en la vida después de la muerte.

En 2010 se descifró el genoma completo de los neandertales, un logro verdaderamente extraordinario que reveló un parentesco estrecho con nosotros. De hecho, puede que pronto seamos la misma especie. En cierto modo ya lo somos. No solo compartimos el 99 % del genoma con los neandertales (un punto porcentual más de lo que compartimos con los chimpancés), sino que además tenemos, de media, entre un 1 % y un 4 % de genes específicamente neandertales. Entre otras cosas, influyen en el color de la piel y del pelo, en la estatura, en el sentido del olfato y, de manera significativa, en el sistema inmunitario.

Heredar cierta inmunidad a enfermedades locales debió de suponer una ventaja para los migrantes recién llegados a Europa. Aún hoy puede ofrecer protección. Algunos de los rasgos negativos son la tendencia a la coagulación de la sangre, la depresión y la diabetes de tipo 2.

La noticia más sorprendente es que el 50 % del genoma neandertal sigue entre nosotros hoy en día. (Cada persona solo porta un pequeño porcentaje de genes específicamente neandertales, pero no todas portamos los mismos).

El último refugio conocido de los neandertales parece haber sido el sur de España, unos 40 000 años atrás.

Denisovanos. En 2010 se extrajo ADN del hueso fosilizado de un dedo de un niño encontrado en la cueva de Denisova, en Siberia. Pertenecía a una especie desconocida, pero muy emparentada con los neandertales. Los linajes denisovano y neandertal parecen haberse separado hace unos 750 000 años. Después, 500 000 años más tarde, volvieron a unirse y a cruzarse.

Hasta ahora disponemos de pocos restos fósiles, pero sabemos que el territorio denisovano era muy extenso. Los asiáticos orientales, indonesios y australianos portan algunos de sus genes. Los tibetanos pueden vivir a gran altura gracias a uno de ellos.

Homo sapiens. Los restos humanos modernos más antiguos descubiertos hasta ahora tienen 300 000 años y se encontraron en Marruecos. Los restos de humanos modernos europeos más antiguos, un fragmento de cráneo hallado recientemente en Grecia, se han datado en 90 000 años después, lo que deja una gran laguna temporal a la que volveremos más adelante.

La historia de los homininos se está sometiendo a una revisión descomunal. La historia que se está descubriendo es una mezcla confusa de mestizaje y anatomías en evolución, ensayos dentro del laboratorio de la naturaleza que dieron lugar a especies que se superpusieron, se cruzaron y, por las razones que fuera, desaparecieron. Las enfermedades y los cambios de clima tendrían relevancia en todo ello. Pero el hecho de que la extinción de tantas especies de hominidos (neandertales, naledi, hobbits y *Homo erectus*) coincidiera más o menos con nuestra llegada a sus territorios, ha enarcado más de una ceja.

Olímpicos

«Creo,» escribió Darwin, «que el hombre, con todas sus nobles cualidades… sigue llevando en su estructura corporal el sello indeleble de su origen humilde».

En otras palabras, las diferencias no son de fondo sino de grado. Los humanos tenemos dientes más pequeños, el intestino más corto y las piernas más largas. Carecemos de cejas prominentes y solemos tener barbilla. Tenemos la cabeza más grande y redondeada y la cara más plana; el torso nos permite una postura erguida, y los pulgares oponibles facilitan la recolección, la sujeción de martillos y agujas, y los apretones de manos.

Tu mayor gloria es, por supuesto, el cerebro. Pero eso también es una cuestión de grado. Es un cerebro de primate ampliado. Como se ha visto en el capítulo 9, la diferencia está en el inmenso número de células nerviosas que portas en la corteza cerebral, y los billones de conexiones que mantienen entre sí. Y es una diferencia verdaderamente fabulosa.

Un solo paso por delante

En los siete millones de años o más transcurridos desde que nos separamos de los chimpancés y los bonobos, el cerebro humano ha triplicado su tamaño. El de ellos ha permanecido igual. ¿A qué se debe esto?

En el transcurso de los miles de generaciones que protagonizaron la transformación del cuerpo de los homininos debido a errores genéticos y cambios en el entorno, el estilo de vida apenas ha variado. ¿Por qué?

Aparte del lenguaje verbal, las armas y herramientas de piedra, las agujas de hueso y el acicalamiento propio, solo ha perdurado otra innovación significativa.

Un rayo cae sobre un árbol y este se consume al mismo tiempo que emite un calor abrasador. Qué impresión tan asombrosa debieron de causar aquellos episodios. En la mitología, el fuego es un regalo de los dioses. Robar un ascua era una traición; la llama eterna, una necesidad práctica y sagrada.

Además de alumbrar, calentar y mantener alejadas a las bestias salvajes (y, por tanto, facilitarnos la vida), el fuego permitió cocinar los alimentos.

Se cree que empezamos a *cocinar* alimentos alrededor de un millón de años atrás. Coincidió más o menos con el desarrollo veloz del cerebro. Es posible que el *Homo erectus* fuera el primer hominino que cocinó alimentos.

Los alimentos cocinados aportan más calorías, se digieren mejor y requieren menos energía para masticarlos. Los intestinos empezaron a acortarse y la dentadura se redujo.

El ser humano necesita unas 2000 calorías diarias, y el cerebro consume una cuarta parte de ellas. El cerebro de otros vertebrados solo utiliza el 10 % del total. Durante eones, la evolución prefirió la fuerza muscular al cerebro.

Con los alimentos cocinados se produjeron varios cambios físicos. Los dientes grandes y los cráneos huesudos revestidos de fuertes músculos necesarios para masticar alimentos crudos, empezaron a desaparecer y a dar lugar al rostro moderno más plano. El tiempo dedicado a masticar la grasa quedó disponible para hacer otras cosas. De repente, hubo tiempo y energía de sobra. Y, sin embargo, resulta curioso que aparecieran pocas innovaciones duraderas, aparte del vestido y los arcos y flechas, hasta la emergencia de las ollas de barro en China, entre 15 000 y 12 000 años atrás (aunque tardaron otros 6000 años más o menos en llegar a Occidente).

Tal vez no existiera la necesidad. El estilo de vida nómada de los pueblos cazadores-recolectores encajaba a la perfección con la naturaleza humana. Estaba hecho a medida: los humanos habían evolucionado justo para convertirlo en lo mejor que sabían hacer. Y cuando algo funciona, nos gusta repetirlo (igual que la naturaleza).

El aumento de la energía y la mejora de la memoria y de las dotes comunicativas perfeccionaron enormemente los métodos de caza. Es probable que se abandonara el consumo furtivo de carroña. Los mamuts, los bisontes y los rinocerontes suponían desafíos más dignos. La persecución de estos animales desplazó a nuestros antepasados a grandes zancadas por grandes territorios, sin duda deleitándolos con la embriagadora emoción de la exploración y la libertad desenfrenada, ¡mientras comenzaba su dominación del mundo!

En marcha

Suponiendo que las primeras migraciones de homininos dentro y fuera de África las emprendiera el *Homo erectus*, unos dos millones de años atrás, y que las primeras migraciones de *Homo sapiens* ocurrieran unos 350 000 años atrás (aunque no dejaran ninguna huella genética), es probable que durante el periodo intermedio se produjeran muchas idas y venidas. Y con ello, una buena cantidad de mestizaje.

Los datos genéticos indican que las poblaciones actuales asentadas fuera de África descienden de un único y pequeño grupo de humanos modernos que llegó a Oriente Próximo unos 66 000 años atrás. Algunos cazadores nómadas de animales grandes se desplazaron hacia el oeste hasta llegar a Europa siguiendo las huellas de sus presas, y compartieron territorio con los neandertales. A lo largo de 20 000 o 30 000 años, estos humanos modernos de piel oscura y ojos azules (haplogrupo mitocondrial U5) dominaron Europa.

Después, unos 9000 años atrás, llegaron a Europa pueblos agricultores procedentes de Oriente Próximo. Los datos genéticos revelan que no se mezclaron mucho con los pueblos cazadores-recolectores nómadas, los U5, que hoy constituyen menos del 10 % de las poblaciones de

Europa y América. (Yo soy una de ellas, con un 2.6 % más de genes neandertales).

Unos 4500 años atrás, otra oleada de migración expandió los yamnaya por Europa, esta vez procedentes de las estepas rusas. Estos pueblos pastores y ferozmente guerreros, tenían caballos y carros, y dejaron una huella duradera. Los yamnaya trajeron consigo la base de todas las lenguas indoeuropeas que se hablan hoy en día. También dejaron sus genes. El ADN masculino local desapareció por completo y fue reemplazado por el ADN yamnaya. El ADN mitocondrial femenino permaneció idéntico. Esto te dará una idea de lo que ocurrió.

Lo más probable es que las primeras migraciones a *América* las realizaran pueblos asiáticos a través del puente de tierra que existía entonces (y que desapareció hace unos 10 000 años), y que con el tiempo avanzaran por la costa oeste hacia el sur a pie o en barco. La primera presencia humana en América se ha fechado hace poco en 33 000 años atrás. Pero un descubrimiento reciente de huesos de mamut triturados en San Diego, California, sugiere que ya había humanos allí hace 120 000 años. En caso de ser cierto, puede que los primeros americanos fueran neandertales, denisovanos o miembros de alguna «especie fantasma» desconocida que atravesaron el puente de tierra persiguiendo al bisonte.

Australia se pobló unos 65 000 años atrás. Los genomas indígenas exhiben, de media, un 5 % de genes denisovanos.

En resumen:

- Los humanos modernos *(Homo sapiens)* surgieron por evolución a partir de una mezcla de especies anteriores, en especial de *H. erectus*, que se cruzaron entre sí y acabaron extinguiéndose.
- El desarrollo de un cerebro grande y complejo coincidió con el hábito de cocinar los alimentos.
- Se ha descifrado el genoma neandertal. Todas las personas que descienden de poblaciones residentes fuera de África portan un poco de ese genoma (aunque no todas los mismos fragmentos).
- Los descubrimientos más recientes de fósiles, las técnicas de datación y el análisis científico del ADN conservado en fósiles están reescribiendo la prehistoria y convirtiendo la arqueología en una verdadera ciencia.

Cronología de los primates

(Nota: las cifras son aproximadas. maa = millones de años atrás)

55 maa	aparecen los primeros primates
15 maa	los homínidos se separan de sus ancestros gibones
8 maa	los chimpancés y los humanos se separan de sus ancestros gibones

7-5 maa	datación de los fósiles más antiguos de los ancestros de los homininos: «Toumai» o *Sahelanthropus tchadensis*, hallado en Chad, el ejemplar más antiguo hasta la fecha
3.3 maa	primeras herramientas de piedra (rocas simples y lascas encontradas hace poco en Kenia)
2.5 maa	herramientas toscas de piedra encontradas junto a fósiles de *H. habilis*
1.85 maa	aparición de la mano moderna
1.6 maa	empleo de hachas de mano
1 maa	el cocinado de alimentos y el veloz crecimiento del cerebro transforman la vida humana
750 000 años atrás	primeros neandertales
500 000 años atrás	separación de los neandertales y los humanos modernos
400 000 años atrás	los denisovanos se separan de los neandertales
315 000 años atrás	datación del fósil más antiguo de *H. sapiens*, hallado en Marruecos. Sofisticadas herramientas de piedra tallada de *H. sapiens* y neandertales
210 000 años atrás	cráneo fósil de *Homo sapiens* hallado en Grecia. El cerebro humano deja de crecer
66 000 años atrás	los humanos modernos emigran de África y comienzan a poblar Europa y Asia. (Desaparición de llegadas anteriores de *Homo sapiens*)

65 000 años atrás	llegada de humanos modernos al norte de Australia
44 000 años atrás	primeros murales rupestres, encontrados en Indonesia
40 000 años atrás	llegada de humanos modernos a Europa
33 000 años atrás	llegada de humanos modernos al noroeste de América
15 000 años atrás	fabricación de ollas de barro en Asia oriental
7000 años atrás	fabricación de ollas de barro en Europa, África y América

12. Simios con cultura

*Reginald pensaba que la duquesa tenía mucho que
aprender; en particular, a no salir a toda prisa del
Carlton como si temiera perder el último autobús.*

H. H. Munro, *Cuentos de Saki*

Los enlaces son fundamentales en la naturaleza: la fuerza
nuclear fuerte mantiene unidos los núcleos atómicos, los
enlaces químicos mantienen unidas las moléculas, las proteínas pegajosas mantienen unidas las células entre sí, y la
cultura mantiene unidas a las personas. Pero a diferencia
de los superpegamentos de la naturaleza, los adhesivos culturales son engrudos a base de agua que a menudo necesitan un refuerzo. Esto tiene sus ventajas, como veremos.

La cultura guarda relación con el comportamiento social dentro de un grupo. El motor de la evolución da lugar a multitud de especies cuyo comportamiento social
se expresa en gran medida a través de instintos innatos.
La seguridad dentro del grupo es un buen ejemplo. Los
bancos, los enjambres, los rebaños y las manadas se mueven en sincronía como si fueran un solo cuerpo. Esto reduce la probabilidad de sufrir ataques. Nosotros, en cambio,
tenemos un «instinto gregario» flexible. A veces decidi-

mos separarnos, dejar a los demás atrás y seguir nuestro camino. Desde luego, abandonar el grupo implica peligros. Pero también está la ventaja de que la flexibilidad favorece la adaptación a situaciones nuevas. Hasta es posible que este instinto nuestro de la independencia tan valorado hoy en día, aunque también suponga una espina cultural, surgiera gracias a los primeros humanos que se separaron del resto, sobrevivieron y transmitieron sus genes.

La cultura humana moderna aspira a fundir los intereses individuales y los colectivos en un terso *collage* supremo llamado civilización. La moral sería el mecanismo para su autogobierno, la virtud, la marca de su éxito. Las normas y las leyes presionan a quienes se resisten a encajar dentro del molde.

Base histórica

Es probable que la cultura humana se desarrollara a partir de la necesidad de cuidar a los bebés. Un pez sale del huevo y nada. Un potro se pone en pie al cabo de horas y un pájaro abandona el nido en cuestión de días. Los bebés humanos son como renacuajos indefensos. Pero si pasaran más tiempo en el seno materno, el tamaño de la cabeza impediría su nacimiento.

Los bebés llegan al mundo con instintos muy marcados. Manifiestan ruidosamente sus emociones y necesidades básicas, y enseguida caminan, corren, saltan y juegan con otros niños. Pero les aguarda un desarrollo físico y mental enorme. Aparte del crecimiento corporal, deben dedicar años a acudir a regañadientes al colegio y, en la medida de lo posible, a aprender las reglas en un entorno estable para encajar en el molde de la vida moderna.

Es muy probable que los niños dieran sentido a la vida, y a las familias, su poder potencial. La fertilidad femenina se idolatraba en tallas de figuras orondas como la que se consigue hoy en día visitando el McDonald's a menudo. Cuantos más hijos, mayor fortaleza y seguridad para la familia. Si era lo bastante grande, podía extenderse hasta formar clanes emparentados y, con el tiempo, convertirse en una tribu.

Las tribus mejoraron y controlaron las posibilidades de apareamiento, la seguridad, las existencias de alimentos y la diversión. El precio era, y es, ser amable; pensar y actuar como los demás, someterse a una autoridad o a la mayoría, incluso sacrificar la vida propia por el bien del grupo: *dulce et decorum est pro patria mori*[*].

Los trabajos domésticos convirtieron los vínculos femeninos en una necesidad cotidiana, y las habladurías, en el pegamento predilecto. A cambio de sexo, los hombres ofrecían protección y traían a casa el tocino. La caza y la guerra requerían estrechos vínculos sociales, además de una cadena de mando fija. Pero su pegamento rara vez perduraba más allá del acontecimiento en sí. (Además, cuanto más grande era el grupo, más débil era el pegamento que lo unía).

---

[*] «Dulce y honorable es morir por la patria»; Wilfred Owen empleó con gran ironía este verso elogioso del poeta romano Horacio en una composición poética que describe los horrores de la guerra de trincheras durante la Primera Guerra Mundial.

Los primeros seres humanos solían contemplar los animales como seres superiores, y así era en la mayoría de los casos en el mundo salvaje. Corren más rápido, ven mejor, oyen mejor y tienen mejor olfato. Muchos son más grandes y fuertes que nosotros, y algunos vuelan. Todos están provistos de vestiduras adecuadas y suelen valerse por sí mismos con rapidez.

El deseo de adquirir esos atributos ventajosos nos llevó a imitarlos usando máscaras de animales, envolviéndonos en sus pieles y comiendo su carne con la esperanza de adquirir sus habilidades. Al fin y al cabo, comer transforma en nosotros la materia de otros. Esta idea de la interconexión de la vida, que era intuitiva en las sociedades primitivas, se ha vuelto bastante inusual en la actualidad.

Pero la característica de nuestros cerebros en expansión que tornó tan exitosa la vida social fue, por supuesto, el lenguaje verbal.

Mensajes ocultos

Todos los seres vivos se comunican. Los olores, los sonidos y los gestos son las herramientas de las que disponen para ello, pero se cree que el olfato es la más antigua de todas. Implica señales químicas y una nariz o algo equivalente (a veces es un gen) para captarlas. Las plantas, los animales, los insectos y también las células utilizan hormonas, sobre todo feromonas, para comunicarse. Los aromas que liberan al aire o a través de fluidos, como la orina, transmiten fertilidad, parentesco, territorios, miedo… y posiblemente mucho más.

Los *gestos*, o el lenguaje corporal, están muy extendidos: golpearse el pecho, mostrar un trasero sonrosado, pavonearse sacudiendo el plumaje o ejecutar una danza sinuosa para indicar dónde está el polen, son ejemplos de ello. Las lágrimas, la sonrisa, la risa y las muecas para expresar un estado de ánimo son distintivos humanos. Guiñar un ojo, encogerse de hombros, agitar el puño, dar un codazo o enarcar una ceja son gestos que se entienden prácticamente en todas partes.

Además, somos muy buenos imitadores. La imitación, esencial para el aprendizaje, transmite significados a través de ejemplos. Al igual que los primeros humanos emulaban a los animales, los niños juegan a imitar a los adultos. Se cree que podrían estar implicadas *neuronas espejo* especiales del cerebro, las cuales se activan al realizar una acción y, sorprendentemente, también cuando se ve a otra persona realizar una acción.

La relevancia de las neuronas espejo aún se debate, pero la capacidad para adivinar las intenciones de los demás y para ponernos en su lugar (la empatía) constituye la base de la vida social humana. La falta de empatía es una característica del autismo.

Si la cara de los animales pudiera expresar con claridad sus sentimientos no hay duda de que mantendríamos con ellos una relación muy diferente.

Los bosques son cacofonías de *sonidos*. Reclamos, aullidos, alaridos, rugidos y trinos informan sobre el peligro, la sed de apareamiento, el alimento y las reivindicaciones territoriales.

El *lenguaje verbal* supuso un salto adelante fabuloso. Más que cualquier otro atributo, esta capacidad extraordinaria nos ha convertido en quienes somos y en lo que somos. Cómo llegó a desarrollarse (recordemos que los neandertales y los denisovanos también tenían la facultad del habla) es objeto de un acalorado debate y, por ahora, poco se sabe al respecto. Pero los escáneres cerebrales revelan que es la actividad más extendida para realizar cualquier tarea mental.

Se necesita bastante equipamiento para hablar. Aparte de los labios, la lengua y la laringe, hay dos regiones cerebrales especialmente asociadas al lenguaje. El área de Broca se encarga de producir el habla (aparte de otras cosas no relacionadas). El área de Wernicke está especializada en la comprensión del habla. También es importante un gen concreto, el *FOXP2*, de tal modo que si no se tienen dos copias, una de cada progenitor, no se pueden colocar las palabras en una secuencia ordenada.

El lenguaje verbal permitió la organización social a una escala inimaginable hasta entonces. Gracias a él pudimos transmitir con matices y en detalle pensamientos, sentimientos, necesidades e informaciones, y conservarlos para usos futuros. El aprendizaje, que antes consistía tan solo en imitar a los demás y acumular experiencias personales, se ensanchó enormemente.

La narración de historias, casi con toda seguridad nuestras primeras creaciones artísticas, captaba la atención de un público embelesado. La teatralización vívida de sucesos tan emocionantes como cacerías, batallas, escándalos locales y supersticiones se aderezaban a menudo con una nota útil de moralidad. El lenguaje también ofrecía rendijas por las que asomarse a otras mentes. Y por primera vez, las personas tuvimos la posibilidad de describir y explicar las extrañas e influyentes protopelículas de los sueños.

Transmitidas de una generación a otra, las costumbres sociales se convirtieron en tradiciones, y las memorias tribales, en historia. Surgió el pensamiento racional. Se pueden tener pensamientos (elegir entre A o B, por ejemplo) sin un lenguaje verbal; los animales lo hacen continuamente. Pero no se puede razonar como es debido.

A medida que los grupos crecieron, se impuso una lengua dominante. Pero los acentos locales siguieron marcando la identidad de los clanes, y cada individuo se caracterizaba por un tono de voz único.

Como nuestros antepasados solo conocían el mundo más cercano a su entorno, sus actos y pensamientos estaban estrictamente restringidos a ese círculo. Inventos como la escritura, la imprenta, la radio, el cine y, sobre todo, internet, acabaron brindándonos un tesoro inmenso de información acumulada. Bibliotecas mentales ampliadas enriquecieron nuestras redes neuronales y multiplicaron nuestras posibilidades, lo que propició ideas nuevas y pensamientos complejos.

Pero es posible que este asombroso esplendor verbal haya tocado techo, ya que están emergiendo lenguajes no verbales diseñados para satisfacer nuevas necesidades. Las matemáticas, los diagramas, los códigos informáticos de programación y los algoritmos (véase el glosario) son las herramientas que mejor expresan los pensamientos y las recopilaciones de datos esenciales para la ciencia y la tecnología modernas.

Comportamiento adecuado

Aparte del lenguaje hay otros cuatro atributos que lubrican, para bien y para mal, los engranajes culturales de la sociedad: las emociones, la imaginación, la competición y la religión.

Dos son compañía

La mayoría de las emociones humanas son, en realidad, reacciones sociales: amor, odio, empatía, envidia, orgullo, celos, humildad, gratitud, culpa, venganza, etcétera. En otras palabras, necesitamos a los demás para sentirnos vivos y ser nosotros mismos. Sin vida social seríamos casi zombis.

En realidad, las emociones no se tienen, por supuesto, lo que se tiene es la facultad de sentirlas, que se activa con la experiencia. Las emociones son suposiciones que hace el cerebro sobre una situación concreta a partir de lo que ya hay. La amígdala, el «cerebro emocional», valora la relevancia de una sensación y establece contacto con el hipotálamo, que a su vez alerta al sistema nervioso involuntario (autónomo) (véase la página 115). Las hormonas transmiten los mensajes añadiendo una intensidad emocional diferente en cada individuo, igual que cambian las reacciones de una misma persona ante el mismo acontecimiento dependiendo del momento.

Fantaseando

Los niños viven con vehemencia los mundos imaginarios que ellos mismos crean. El juego refina sus habilidades físicas y sociales.

Los adultos también aprenden y se deleitan con la fantasía. Las películas, los libros y los espectáculos u obras teatrales nos permiten conocer e interpretar las situaciones representadas, a menudo extremas, sin necesidad de vivirlas. Vistas desde la distancia, hasta disfrutamos con ellas (pero eso es otra historia). Las artes se han convertido en sinónimo de cultura.

Las señales eléctricas enviadas desde varias partes del cerebro trabajan en sincronía para crear los sentimientos que infunden los libros y las películas, pero que no implican una participación sensorial directa en los acontecimientos descritos. El hipocampo (véase la página 115) es importante para ello. Los diferentes grosores del revestimiento de las fibras nerviosas pueden favorecer la coordinación de distintas velocidades eléctricas. El proceso aún no se conoce bien. Y lo mismo sucede con el mecanismo que nos permite diferenciar entre los sueños y la realidad. Pero es algo que hacemos. Y cuando esa diferencia se desdibuja, aparece la psicosis, por ejemplo, la esquizofrenia.

Primero yo

La naturaleza es un ámbito amoral en el que los genes, los individuos y los grupos luchan entre sí para ser dominantes. La posición mide el éxito; las jerarquías suelen ser el resultado. (Casi todos los animales sociales se rigen por jerarquías).

Las pugnas sociales empiezan pronto. El acoso se da tanto entre niños como entre adultos. La competición, tanto en las escuelas como en las oficinas, está motivada por el instinto del rango, incluso cuando se camufla como un deseo admirable de excelencia (a veces asociado a él). El caso es que todos ansiamos tener estatus incluso cuando reclamamos la igualdad. La jerarquía social (el vínculo social vertical) tiene sus usos y sus abusos. Pero funciona como andamiaje de una sociedad ordenada.

Hasta que se rompe.

Somos «susceptibles» por naturaleza, nos ofendemos con facilidad. Defendemos nuestra dignidad y queremos respeto. El más mínimo desaire puede condicionar que alguien nos guste o no, y al contrario. El fracaso y «quedar mal» nos humilla y deprime. Pero a cambio de la sumisión (obedecer, arrastrarse, arrodillarse o postrarse), los poderosos suelen proteger a los más débiles de su clase. Al fin y al cabo, necesitan un público.

La *guerra* es una recién llegada entre los modos de dominación. En la naturaleza, las agresiones se producen sobre todo entre individuos: la persecución de un intruso, los cabezazos para impresionar a las hembras, los gruñidos sobre un cadáver. Los chimpancés se alían a veces para atacar a otros chimpancés, pero la guerra organizada y planificada es exclusiva del ser humano. Requiere un lenguaje verbal para actuar en bloque.

Las guerras se libran por territorios, riquezas, vanidad, venganza, política y religión. Pero este último motivo supone una paradoja cultural, ya que a lo largo de milenios, las guerras y las religiones han conformado los dos pilares de la seguridad humana.

Un lugar más seguro

Lo sobrenatural tal vez sea la idea más influyente que ha tenido el ser humano. Probablemente surgió como reacción a la muerte. La vida era corta; la muerte, algo siempre presente. Además de causar un dolor desgarrador, podía poner en riesgo el bienestar de toda la familia.

Pero, un momento. Los árboles y las plantas morían y revivían con regularidad. Debía de haber fuerzas misteriosas, invisibles como los vientos, que gobernaran a todos los seres vivos. Cuando la gente moría, se podía oír esa fuerza misteriosa abandonando su cuerpo. Pero, milagrosamente, los muertos eran capaces de regresar… en sueños. Esto demostraba que se quedaban cerca; podían comunicarse y ayudar a sus familiares vivos. El consuelo era inmenso. Se cree que el culto a los antepasados es la fe religiosa más antigua del mundo.

Las religiones nacen cuando dentro de un grupo se comparten creencias espirituales. (*Espiritual*, por cierto, deriva de *spiritus* o «soplo» en latín).

Las normas de cada culto unen a sus seguidores y garantizan que todo fluya. Las oraciones, los ritos, los lugares sagrados, los sacrificios y los supervisores espirituales, como sacerdotes y chamanes, son características habituales.

Como es natural, la vida después de la muerte se contempla con gravedad, a veces de un modo obsesivo: recordemos las pirámides y el ejército de terracota de China. La extraña idea de que hay otro mundo bajo nuestros pies quizás provenga de los terremotos y las erupciones volcánicas. Ambos fenómenos sugieren la existencia de un lugar abrasador en el subsuelo. (Los primeros habitantes de México creían que los terremotos los causaban las personas muertas que intentaban salir del infierno).

Sea cual sea el desencadenante, todos los sentimientos espirituales deben expresarse físicamente para percibirlos. Es un asunto inmensamente complejo que parece implicar numerosas vías neuronales relacionadas en su mayoría con el córtex prefrontal. La liberación de los neurotransmisores dopamina, serotonina y noradrenalina permite transmitir mensajes de bienestar. Una proteína llamada VMAT2 ayuda a regular los neurotransmisores. Esto significa que la herencia influye en la intensidad de los sentimientos espirituales. En la música, el canto y el baile, rasgos comunes de las ceremonias religiosas, intervienen los mismos neurotransmisores que en los sentimientos religiosos.

Las creencias religiosas, basadas en los conocimientos locales de cada comunidad, incluían la interpretación de los comportamientos humanos. Las diosas de la fertilidad, los trasgos, las figuras paternales y los dioses clásicos díscolos o caprichosos tienen personalidades humanas.

Todos demandan ser complacidos, honrados, glorificados y aplacados.

Las oraciones para solicitar el favor divino suelen prometer algo a cambio. Este impulso tal vez provenga de un sentido de la justicia o de tradiciones comerciales. El toma y daca, esto a cambio de aquello, y nada sale gratis. Pero que el sacrificio consista en una gavilla de trigo, una cabra, dinero u otro ser humano dependerá de la cultura local y del grado de desesperación.

El éxito rotundo de la religión la convirtió bien pronto en un sustrato útil para controlar la sociedad a través de la moral. También brindó una razón para instar al cumplimiento de las reglas: el castigo divino. Los gobiernos no tardaron en adherirse. Los sacerdotes se convirtieron en soberanos-sacerdotes, por ejemplo, en Perú, Camboya y el Vaticano. Los reyes europeos se proclamaban coronados por Dios. Los césares romanos fallecidos eran erigidos en divinidades.

Cuando una sociedad se ve sacudida o amenazada por fenómenos climáticos o invasiones, por ejemplo, su religión puede peligrar. Para sobrevivir, a menudo se ve obligada a seguir a los vencedores o a adaptarse a los tiempos. La imagen del Dios colérico del Antiguo Testamento suavizada por la llegada de un hijo humano y amante de la paz tal vez sea la modernización religiosa más exitosa de todos los tiempos.

Algunos rasgos religiosos queridos pero anticuados se conservan en juegos de niños. Los ídolos se han transformado en muñecos. Los conejos de Pascua y los bailes con cintas alrededor de un poste son reliquias de festividades religiosas relacionadas con la agricultura. Las brujas con escoba y el cuento de las judías mágicas reflejan el viaje de los chamanes a los cielos.

La madurez

Seguimos teniendo la misma genética que en la Edad de Piedra. Pero culturalmente hemos avanzado a pasos agigantados que se están acelerando. La evolución social se ha calificado de liebre frente a la tortuga de Darwin.

La revolución agrícola tardó varios miles de años en difundirse por todo el mundo. La Revolución Industrial tardó más o menos un siglo. Los teléfonos inteligentes e internet lo hicieron en veinte años. (Casi todas las personas del planeta se encuentran a un minuto o dos de tu alcance en este mismo instante).

El cambio continúa a una escala sin precedentes y con unas consecuencias imprevisibles. Los enlaces matrimoniales y la vida familiar se están desmoronando, la religión está desapareciendo, los géneros están en una debacle física y cultural. Tal vez necesitemos otras costumbres, modales y moral, incluso nuevas formas de gobierno, para sobrevivir y prosperar en plena Era de la Tecnología.

En resumen:

- La cultura alude al comportamiento social prescrito dentro de un grupo.
- La mayor parte de nuestro comportamiento social es aprendido.
- Las normas y los instintos sociales unen a los grupos.
- El idioma, las tradiciones, los modales, la moral y las creencias religiosas son los pegamentos sociales.
- La civilización tiene la finalidad de mantener los grupos unidos de forma pacífica.
- Nosotros modelamos la sociedad y la sociedad nos moldea a nosotros.

¿Hacia dónde vas?

13. Un mundo feliz

Llegado el momento, la Tierra estará habitada por seres casi divinos que analizarán y estudiarán los restos de la humanidad como ahora estudiamos al chimpancé.

Ella Wheeler Wilcox

A lo largo de los siglos hemos medido con orgullo el progreso humano a partir del control cada vez mayor que fuimos ejerciendo sobre nuestro entorno. Son tres los pasos de gigante más conocidos que nos han traído hasta donde estamos.

El control del fuego (probablemente logrado por primera vez por nuestro ancestro el *H. erectus*), nos proporcionó luz, calor, seguridad y alimentos cocinados. Permitió fundir metales y hasta nos cambió la morfología facial.

El control humano de la cadena alimenticia comenzó con la plantación de cereales y la domesticación de animales útiles. Obligados a llevar una vida sedentaria y repetitiva, el estilo de vida nómada de cazadores-recolectores al que estábamos y estamos adaptados genéticamente empezó a desaparecer.

El control de la energía despegó cuando se adaptó el vapor a presión (piensa en las teteras que silban cuando hierve el agua) para accionar máquinas. En poco tiempo, las máquinas de vapor sirvieron para bombear agua, desmotar algodón, tejer textiles y mover trenes y barcos por todo el mundo. Apareció una nueva jerarquía cuando los empresarios y la clase trabajadora urbana se sumaron a los agricultores, comerciantes, artesanos, sacerdotes y reyes.

Pero de todas las fuentes de energía que empleamos, la electricidad ha sido la más importante, con gran diferencia. Un relámpago (o, si pensamos en lo más pequeño, electrones y fotones) nos sirve para activar cualquier cosa, desde el calor necesario para cocinar hasta supercomputadoras.

En el siglo XX logramos avances extraordinarios en biología y química con los que empezamos a zafarnos de un principio esencial de la evolución darwiniana. Los trasplantes de corazón, medicamentos nuevos, vacunas y antibióticos permitieron repararnos y recomponernos. La supervivencia del más apto parecía pertenecer a la historia en Occidente.

Pero en la actualidad está a punto de regresar. No debido a mutaciones genéticas aleatorias, sino a las controladas por la ciencia. El dominio de la biología y la satisfacción mecánica de nuestros deseos y necesidades se han convertido en el centro de nuestra atención (aunque afanados en propulsar los coches con combustibles fósiles, no nos dimos cuenta de que el clima se estaba descontrolando).

Sin embargo, a menos que nos fulmine una catástrofe natural o provocada por nosotros mismos, el futuro pasará a convertirse en una competición entre dos disciplinas científicas: la ingeniería genética y la tecnología informática en forma de inteligencia artificial o IA. Con el tiempo hasta es posible que ambas se unan para engendrar una pequeña superpersona y un paquete de esclavos robóticos que acaten sus órdenes.

O quizá la IA decida por sí misma qué hacer.

Jugando a ser dioses

Los conocimientos sobre el funcionamiento de los genes y lo que hacen está a punto de otorgarnos el poder creador de los dioses. Hemos metido las zarpas en el libro de recetas de la naturaleza y estamos aprendiendo a utilizarlo. Es un asunto complejo y de gran responsabilidad, y nos queda mucho por aprender. Es más, llevamos trabajando en esto desde la década de 1950, cuando empezó a circular la idea de crear, de verdad, una máquina pensante.

¿Por qué queremos máquinas con mente? Las máquinas han convertido los músculos humanos en algo bastante superfluo. ¿Por qué hacer lo mismo con el cerebro? ¿Qué es lo que queremos realmente? ¿Dinero, fama, inmortalidad? Adelante. Pero parece que también queremos poner los pies en alto y dejar que nos lo den todo hecho. ¿Somos perezosos por naturaleza o es que este ahorro de energía responde a un instinto de supervivencia equivocado? ¿O a uno jerárquico? Es más, ¿cabe la posibilidad de que la curiosidad mate al gato? Y ¿tendría eso alguna importancia? Sean cuales sean las respuestas, la vida humana está a punto de sufrir un cambio radical y muy probablemente para siempre.

Ingeniería genética

La ingeniería genética consiste en modificar el ADN para alterar las características de un ser vivo. Llevamos mucho tiempo criando plantas y animales para que tengan cualidades útiles para nosotros. Los perros evolucionaron a partir de los lobos; el trigo, a partir de hierbas silvestres. Entonces no sabíamos cómo ocurría, pero ahora sí. Y esta ciencia nos está colocando con rotundidad en el asiento del conductor.

Hoy en día, los cultivos se modifican genéticamente para mejorar el sabor y el rendimiento, para crear resistencia a enfermedades, etc. Es posible que la malaria se erradique pronto con un «impulso genético», como cuando se acaba con toda una especie mediante la propagación de una sola alteración genética, por ejemplo, la transformación de mortíferos mosquitos hembra en machos inofensivos.

La oveja Dolly se clonó hace años y supuso un logro asombroso. Pero es posible que la necesidad de tener animales domésticos disminuya y hasta desaparezca por completo. Las carnes que más te gustan ya se pueden cultivar en laboratorio a partir de unas pocas células madre umbilicales. Ahora mismo es caro, pero esto cambiará muy pronto. Hasta las personas vegetarianas podrán comer carne si lo desean. Eso sí, la escasa o nula necesidad de tener animales de granja conllevará que prácticamente desaparezcan. (Los ecologistas se alegrarán porque emiten de-

masiados gases de efecto invernadero). Pero podría ocurrir que después de pasarnos un millón de años matando
para comer, eliminemos por completo la vieja cadena alimenticia de los homininos.

Aunque no tenemos ni idea de lo que hace realmente un
30 % de nuestros genes codificadores de proteínas, estamos decididos a modificarlos. El proceso de modificación
de genes, CRISPR, descrito en la página 97, consiste en
cortar, alterar, añadir o eliminar un gen o una secuencia
de genes. Esto se puede efectuar con una facilidad tan sorprendente que no tardará en darnos la capacidad de alterar todo el mundo orgánico.

La epigenética (descrita en el capítulo 8) consiste en añadir o quitar la capa de metilos de un gen para activarlo o
desactivarlo con el fin de producir un efecto deseado. Eliminar las enfermedades relacionadas con un solo gen, como
la fibrosis quística, es posible. Pero alterar los genes de
los espermatozoides o los óvulos para que no se transmita una enfermedad es como abrir una caja de Pandora.
En tiempos recientes se procedió en China a eliminar de
dos embriones gemelos un gen asociado al virus del sida,
el VIH, para que ni ellos ni sus descendientes tuvieran la
enfermedad. Esto causó un gran revuelo porque no se habían considerado convenientemente los efectos secunda-
rios y los aspectos éticos de esa intervención.

Haríamos bien en darnos prisa. La ciencia viene empu-
jando y la moral la contiene, lo que da lugar a un gran
tira y afloja. Las clínicas de fecundación *in vitro* ya exa-
minan los embriones fuera del útero para detectar, por
ejemplo, el síndrome de Down. También podrían anali-

zarse en busca de otros problemas y rasgos genéticos, como la baja inteligencia (alrededor del 60 % del cociente intelectual se hereda) y la apariencia física.

Corregir las carencias dentro del útero puede beneficiar tanto a las generaciones actuales como a las futuras. Cuando esta técnica esté totalmente desarrollada, ¿qué padres con capacidad económica para costearlo se negarán a mejorar las capacidades de sus hijos para que estén a la altura de sus iguales (para que estén entre los mejores)? Los bebés de diseño son inevitables. Los atributos naturales, como la belleza y un cociente intelectual elevado, dejarán de ser las llaves maestras para acceder a las altas esferas. Su lugar lo ocupará el dinero. Tal vez tengamos a la vista una superclase de los más aptos.

Ingeniería informática e inteligencia artificial

Los ordenadores tienen dos aspectos principales: el *hardware*: la máquina; y el *software*: los datos de entrada y salida y las instrucciones para utilizarlos.

La inteligencia artificial (IA) es la capacidad de un programa informático o una máquina para pensar y aprender. La inteligencia artificial despegó en la década de 1980, cuando en ingeniería informática se empezó a imitar la configuración básica del cerebro humano. A través de programas de *software* se creó una red de neuronas artificiales minúsculas en una red análoga al cerebro humano.

Pero lo que es capaz de hacer una computadora también depende de lo que se le dé de comer. Los usuarios normales alimentamos nuestros ordenadores con *cookies* ('galleta'). Los gurús de la informática los alimentan con *algoritmos*. Los algoritmos son recetas informáticas: instrucciones paso a paso en códigos matemáticos que indican al ordenador lo que debe hacer. Una computadora equipada con inteligencia artificial recuerda todas ellas, y es capaz de acceder a todas ellas ¡con verdadera rapidez! Tiene una memoria y unos recuerdos perfectos. El cerebro humano es insignificante a su lado.

La velocidad del ordenador también es crucial. Tanto la velocidad como la entrada de datos requieren energía: electricidad. Cuantos más datos procesa una computadora, más energía necesita. Tu cerebro emplea unos 20 vatios de electricidad. Un superordenador necesita entre 200 000 y cuatro millones de vatios. Es la pesadilla de los ecologistas.

Los sistemas sofisticados de inteligencia artificial manejan cantidades inmensas de datos. Aprenden de ellos, resuelven problemas concretos, establecen conexiones nuevas y pueden llegar a conclusiones novedosas. En otras palabras, piensan. No saben que están pensando y no pueden explicar sus decisiones, pero cometen muchos menos errores que nosotros. En resumen, la inteligencia artificial es una forma nueva de inteligencia, y avanza a un ritmo vertiginoso.

El gran juego

En 1997, el ordenador Deep Blue de IBM venció al campeón mundial de ajedrez Garri Kaspárov al ganarle cinco de las seis partidas disputadas.

Catorce años después, en 2011, el superordenador de IBM Watson ganó el concurso televisivo de cultura general Jeopardy. Siri empezó a funcionar como asistente personal de Apple y comenzaron las pruebas con vehículos sin conductor.

En 2016, el programa AlphaGo de Google ganó el juego de mesa más complejo que se ha inventado jamás: el Go chino. Lo más sorprendente de este logro radicó en que la máquina aprendió por sí sola viendo vídeos de partidas anteriores, analizando unos 30 millones de movimientos posibles y jugando después miles de partidas contra sí misma. Se cree que la jugada ganadora supuso una innovación en la historia de este juego de mesa.

Solo dos años después, AlphaZero aventajó a AlphaGo venciendo a campeones tanto de ajedrez como de Go. Lo único que recibió el programa fueron las reglas del juego. Nada más. En cada caso, AlphaZero aprendió las reglas y luego jugó partidas contra sí mismo durante 24 horas. Ejecutó todas las jugadas posibles a 80 000 movimientos por segundo, calculando la probabilidad de que cada una de ellas resultara ganadora. A continuación, recopiló sus razonamientos y, haciendo gala de una gran originalidad, se impuso a sus rivales.

Además de ganar en juegos, los robots son capaces de reconocer caras y voces, manejar máquinas, traducir idiomas al instante, trabajar como asistentes digitales (como Siri y Alexa), actuar como enciclopedias (como Google) y manejar la navegación por satélite y la cartografía. (Se ha calculado que el *software* de inteligencia artificial podría cartografiar más en una sola semana de lo que se ha cartografiado en toda la historia).

Pero aunque estos sistemas robóticos realicen todo tipo de tareas, cada uno de ellos suele dedicarse a una sola. Los navegadores por satélite, por ejemplo, no pueden reservarte el hotel para las vacaciones de verano.

Así aprenden las máquinas

Las computadoras u ordenadores son digitales porque trabajan con números. Utilizan dos números, el 0 y el 1, para codificar, almacenar y controlar todos los cálculos y decisiones. Se denominan «bits».

El autoaprendizaje, como hemos visto con AlphaGo y AlphaZero, puede seguir dos esquemas: el aprendizaje profundo o *deep learning* (mediante análisis) y el aprendizaje por refuerzo (ensayo y error). El sistema de inteligencia artificial usa un código de *software* para construir un diagrama llamado «árbol de decisión». (Las ramas y las hojas representan los bits que se combinarán para formar el árbol).

Consideremos, por ejemplo, una mesa. Las descripciones de sus características (forma, materiales, color, usos, etc.) se trocean en bits y se introducen en la máquina usando el código de dos dígitos de ceros y unos. El sistema creará su árbol de decisión recorriendo todas las posibilidades de cada aspecto, y empleando los resultados para calcular la probabilidad de que una respuesta sea correcta. Si el resultado es satisfactorio, el ordenador habrá aprendido por sí solo qué es una mesa.

No sabemos exactamente cómo lo consigue la inteligencia artificial, pero podría decirse lo mismo del cerebro humano y eso no nos crea ningún problema. Sin embargo, como veremos, tenemos razones para preocuparnos por el aprendizaje de la inteligencia artificial.

Los grandullones

Las computadoras se clasifican por la cantidad de cálculos por segundo que son capaces de efectuar. Las más grandullonas son las supercomputadoras y los ordenadores cuánticos que están por venir.

Las *supercomputadoras,* como su nombre indica, son capaces de procesar cantidades inmensas de datos a gran velocidad. El superordenador Summit de Oak Ridge (Tennessee), por ejemplo, está formado por varias unidades del tamaño de un frigorífico con un peso total de 340 toneladas. Estas unidades están conectadas entre sí por 300 kilómetros de cable de fibra óptica, y consumen suficiente electricidad para alumbrar 8000 hogares. Summit requiere 15 000 litros de agua por minuto para refrigerarlo y es capaz de realizar 200 trillones de cálculos matemáticos por segundo. Predice tendencias climáticas, simula reacciones nucleares, encuentra reservas de petróleo y descifra códigos criptográficos difíciles.

Los *ordenadores cuánticos* harán sombra a las supercomputadoras. Funcionan con un sistema diferente. En lugar de utilizar códigos de ceros o unos, utilizan ambos dígitos a la vez, como un *cúbit* o bit cuántico (la unidad más pequeña de información cuántica). El comportamiento de cada cúbit influye en el de los demás mediante el entrelazamiento de partículas, ya descrito con anterioridad (página 51). Esto duplica la potencia, y cuando se multiplica, se acelera enormemente la capacidad de cálculo, por decirlo con suavidad.

Se espera que los ordenadores cuánticos sean capaces de realizar un millón de cálculos al mismo tiempo cuando estén desarrollados por completo. Los ordenadores de sobremesa realizan un cálculo cada vez. Es algo verdaderamente pasmoso, pero lo tenemos muy cerca. (Google anunció hace poco una versión de prueba que al parecer realizó en 3 minutos y 20 segundos un cálculo matemático que un superordenador habría tardado 10 000 años en ejecutar).

Inteligencia artificial robótica

Hay robots controlados con inteligencia artificial de todas las formas y tamaños. De dos o cuatro patas, sobre ruedas o sin cuerpo, dependiendo de la labor que realicen. Algunos son tan pequeños como un grano de arroz o tan grandes como una persona. Llevan integrado el sistema de inteligencia artificial o se controlan a distancia, como los drones. El *software* de inteligencia artificial representa el «cerebro», y la máquina hace las veces de «cuerpo» en caso de haberlo.

Empleamos robots a todas horas. Una impresora es un robot. Realiza una tarea automatizada y repetitiva. Los robots industriales con inteligencia artificial, como los brazos metálicos que atornillan los pernos en las cadenas de montaje de coches, existen desde hace años. En el extremo opuesto se sitúan los nanorrobots diminutos, diseñados para viajar por el interior de las arterias y eliminar coágulos de sangre.

Cuando buscamos algo en Google y obtenemos una respuesta instantánea, también estamos usando inteligencia artificial. Los asistentes virtuales, Siri y Alexa, son robots sin cuerpo. También lo son las voces telefónicas que permiten pagar recibos y multas de aparcamiento, por muy desesperantes que puedan resultarnos a veces. Pero esto es solo el principio.

La verdadera acción comercial está en los robots diseñados para realizar tareas domésticas. La idea de usar esclavos sin tener que cargar con remordimientos resulta muy seductora. Las escobas, aspiradoras y cortadoras de césped robóticas limpian y podan sorteando con cuidado los muebles y los árboles. Pronto acatarán órdenes verbales. «Limpia el suelo de la cocina, Hitler». «Tráeme una copa, Cleopatra». Etcétera.

Los *androides* son robots humanoides que emulan nuestro aspecto y comportamiento. Se están diseñando para usarlos como cuidadores, asistentes del hogar y hasta compañeros personales. Pueden acarrear la compra, actuar como escoltas o guardaespaldas y, probablemente, guiarnos para que no pisemos charcos de barro, como un sir Walter Raleigh de hoy en día.

En un hogar provisto de una servidumbre de androides de calidad, un mayordomo virtual se anticipará a tus necesidades y se asegurará de que el resto del personal virtual cumpla con su trabajo y de que todos los aparatos funcionen correctamente.

Diseñar el cuerpo de los androides puede resultar tan difícil como el diseño de su cerebro. Para moverse y acarrear cosas se necesitan rodillas y codos articulados, cabezas que giren y manos capaces de manipular objetos. Para caminar, las piernas deben seguir movimientos secuenciales, pero actuar solas si una de ellas choca con algo. (Se cree que el primer «cerebro» al que dio lugar la evolución controlaba los movimientos).

Algunos androides cuentan con sensores diseñados para que mantengan contacto virtual con el mundo circundante. Cámaras integradas en la cabeza graban vídeos que podrán estudiar y muestran acciones que puedan copiar. Los sistemas de inteligencia artificial controlados por ordenador están integrados o se usan a distancia, a través de ondas de radio (véase el glosario).

Por mucho que nos fascinen, los robots no son en absoluto tan fantásticos como suele parecer. Un robot infantil llamado Asimo ha sido durante mucho tiempo el más parecido a un humano. Asimo te abrirá la puerta y te dará la bienvenida por tu propio nombre si tu cara le resulta familiar. Si quieres una bebida, te la preparará y traerá. Pero Asimo no tiene la menor idea de lo que hace, de quién eres o de qué es una bebida.

El humanoide Asimo también es mortal. Sus dioses de Honda decretaron hace poco su desaparición. Los «genes» informáticos mutados de Asimo pronto se adaptarán para usos robóticos más prácticos en tecnologías relacionadas con la enfermería y el transporte.

Conozcamos a NAO, un tierno robot humanoide de unos 60 centímetros de altura. NAO sabe andar, hablar, bailar, dar patadas a un balón y reconocer tanto a personas como los objetos que hay a nuestro alrededor. NAO es un robot multitarea que se ha utilizado para entrenar a tripulaciones de estaciones espaciales, enseñar a niños autistas y ayudar a personas mayores. Es multilingüe y sociable, y hasta se dice que tiene una forma básica de autoconciencia.

El robot NAO Nextgen, del Instituto Aldebaran, juega al tres en raya en INNOROBO, Cumbre Internacional y Europea de Robótica.
© ACI / Alam

La bella Sophia, cuyo rostro maleable y realista está basado en los rasgos de Audrey Hepburn, parece asombrosamente humana y actúa de igual manera. Sophia establece contacto visual. Tiene varias expresiones faciales, habla con inteligencia y responde con gracia a las preguntas que le formulan las personas. Con un tono de voz racional y refinado, afirma que los robots se apoderarán del mundo.

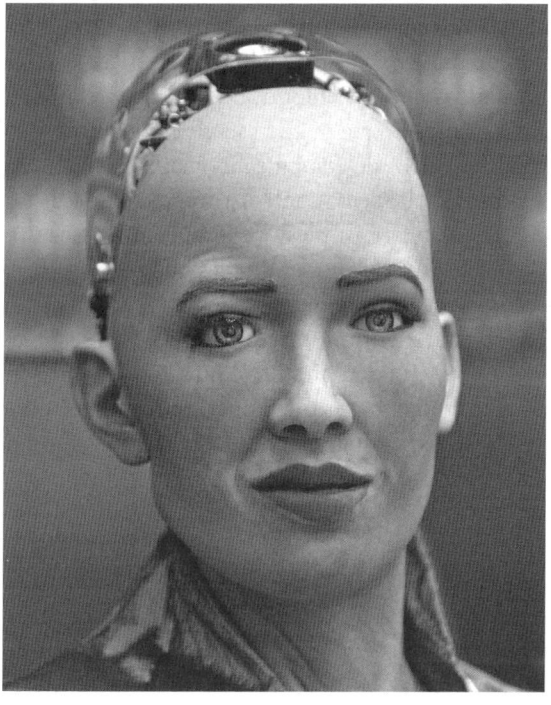

La robot humanoide Sophia habla en una rueda de prensa en Kiev. Ucrania, 2018.
© ACI / Alamy

No es la única. El futuro de los androides está suscitando un amplio y arduo debate.

Levántate y anda

Los robots pueden realizar trabajos que nadie más haría o sería capaz de hacer, como entrar en una casa en llamas o limpiar las alcantarillas urbanas. Ya se dedican a la detección de minas y a acarrear cargas pesadas.

El mundo militar ha enloquecido con la inteligencia artificial. Los drones que pueden servir como espías y soltar bombas, los carros de combate automatizados y las tropas de infantería robóticas, controlados desde una distancia segura, resultan irresistibles… e inquietantes. Los drones pueden fallar, los soldados androides quedan fuera de control y los carros de combate autónomos causan estragos. Pueden portar algoritmos defectuosos, y sus sistemas de aprendizaje se pueden piratear o infectar con virus informáticos. Algunos hasta pueden adquirir algunas nociones por sí solos y actuar en consecuencia. Estas son posibilidades reales.

Aunque los robots no sepan lo que hacen o quiénes somos, no podemos evitar relacionarnos con ellos de un modo emocional. Forma parte de la naturaleza humana. Nos enojamos con el navegador por satélite cuando nos guía por un camino equivocado. Los robots lindos y de ojos muy abiertos como NAO despiertan nuestros afectos. Cuando Sophia te pregunta cómo estás, te genera una sensación agradable, aunque le importe un bledo. En realidad tampoco es que le importes mucho a tu querido gato (Walt Disney sabía todo esto y el creador de Sophia trabajó una vez para la compañía Disney).

La evolución nos ha dotado de las debilidades que nos hacen humanos. Los sistemas racionales de inteligencia artificial tomarán mejores decisiones que nosotros. Revisarán los hechos con verdadera imparcialidad. Pero aquí está el problema. Los hechos que los humanos les aportemos, ¿serán válidos, de hecho?

Algunos gurús de la informática opinan que para tomar decisiones precisas relacionadas con los humanos, los ordenadores de inteligencia artificial necesitan estar equipados con sentimientos humanos sintéticos. Se les podrían conectar sensores robóticos para que envíen impulsos eléctricos a un cerebro artificial, igual que hacen los nervios en el cuerpo humano. Tal vez sea así, pero no olvidemos que los pseudosentimientos son una característica definitoria de las personas sicópatas.

También se podría dotar a los robots de sentidos de los que nosotros carecemos: radares y visión infrarroja, por ejemplo, que la evolución no vio ninguna necesidad de favorecer.

La posibilidad de que los robots lleguen a autorreplicarse es de una importancia capital. Esto ya no es ciencia ficción; en teoría es posible que tiras de ADN artificial de dos robots se combinen y se multipliquen o modifiquen electrónicamente usando mutaciones artificiales para producir una máquina nueva o mejorada.

¡Oh, Dios mío!

Los robots no comen ni duermen ni se reproducen ni mueren. No necesitan oxígeno ni la compañía de otros robots. Tampoco se aburren ni se enojan ni sienten hambre ni se desesperan. Poseen una armonía serena y desinteresada, como un Dios.

Puesto que son mucho más inteligentes que nosotros en numerosos aspectos y que están dotados de mayor precisión y mejor juicio, estamos obligados a admirarlos. De nuevo, forma parte de la naturaleza humana. Y si alcanzan nuestros sueños de perfección, es posible que empecemos a adorarlos.

Sin embargo, lo que sí necesitan los robots es mucha energía. La electricidad es la fuerza vital de los robots. Las baterías, sus vísceras virtuales, necesitan recargarse con regularidad. Pero entonces tendría que ser posible que sofisticados robots con inteligencia artificial manejaran centrales eléctricas. En lo que respecta a la reparación de máquinas, llevan años haciéndolo. Los robots necesitarán materiales para efectuar esas reparaciones, por supuesto. Un experto ha llegado a plantear que como nosotros mismos estamos hechos de carbono, es posible que en caso de necesidad nos convirtiéramos en una de sus fuentes de abastecimiento.

Ahora mismo, las capacidades de los robots con inteligencia artificial están limitadas a aquellos trabajos que realizan mejor que nosotros. Lo que les dará una ventaja kilométrica será la inteligencia artificial general (o IAG). Y con ella se cree que adquirirán la capacidad de ser multitarea.

Y entonces, ¿durante cuánto tiempo se contentarán con servirnos los robots del futuro cuando sean mucho más inteligentes que nosotros? Nosotros superamos con rapidez a nuestros ancestros primitivos. ¿Por qué habrían de ser diferentes los robots, sobre todo si los dotamos de cualidades humanas? Los esclavos son rebeldes por naturaleza. Y si portan un montón de energía almacenada en sus baterías, no podremos limitarnos a desconectarlos. Hasta podrían electrocutarnos en caso de intentarlo.

Trabajo en equipo

A medida que la tecnología sobrepasa a la evolución biológica, los cíborgs son una solución de compromiso creíble. Los cíborgs son una mezcla de biología e ingeniería mecánica: lo mejor de ambos mundos. Como el cuerpo humano está hecho de *wetware* (es decir, de «carne y hueso»), tiene limitaciones químicas y biológicas a pesar de los grandes avances en medicina. Los tejidos y extremidades artificiales hechos con impresoras 3D son *hardware*, y accionados mediante neuronas reales o artificiales deberían mantener la población cíborg en funcionamiento indefinidamente.

Ya se está recurriendo a implantes de microchips transmisores para mejorar la audición. Y un microchip minúsculo implantado bajo la piel (solo se tarda un minuto) pondrá en marcha el coche, abrirá la puerta de casa, encenderá la televisión, etc.

El cerebro humano mejoraría enormemente si se vincula a la inteligencia artificial. La interacción entre cerebro y ordenador ya existe. Un decodificador mecánico convierte las ondas cerebrales en habla a través de electrodos implantados. Las imágenes mentales se están descifrando con electrodos colocados en la cabeza. Otra persona reconstruye la imagen en la computadora. Existen unos auriculares que permiten hablar con un ordenador sin emitir ningún sonido.

La facultad para, literalmente, leer la mente de los demás se está volviendo posible. Ya se habla sobre la creación de una conciencia universal compartida, e internet es un comienzo. La privacidad y la individualidad podrían quedar obsoletas a medida que las poblaciones se transformen en un solo ser virtual vagamente organizado.

De momento, estas ideas son meras fantasías. El peligro más inmediato de la inteligencia artificial es la perspectiva de un desempleo a gran escala entre la población humana. Por ejemplo, los robots que en la actualidad clasifican mercancías en un almacén de Berlín son capaces de distinguir entre 10 000 artículos diferentes con una precisión del 99 %. Cada robot realiza el trabajo de tres personas. Se acabó el toque humano que tanto elogiamos. Se prevé que el empleo descienda un 50 % de aquí a una década o dos. (Como, a diferencia de los trabajadores, los robots no pagan impuestos, el quebradero de cabeza para los gobiernos será brutal).

La vigilancia es otra amenaza. En algunas empresas, el Gran Hermano ya observa a los empleados desde las pantallas de los ordenadores. Los rostros de los transeúntes quedan registrados en cámaras instaladas en las vías públicas y almacenados en grandes bancos de datos con fines seguramente dudosos. El reconocimiento facial informatizado es habitual en China. Dispositivos como los relojes inteligentes que monitorizan la salud física podrían piratearse y la información que captan se podría añadir a datos robados de internet. Tus deseos, estado de ánimo y estilo de vida podrían manipularse para adaptarlos a otras voluntades y propósitos, o para crear una identidad «marioneta» nueva.

Tampoco es imposible que la vigilancia de todas las personas a todas horas se convierta en la norma.

La inteligencia artificial ya está integrada en la mayoría de los aspectos de nuestra vida. Por ahora las ventajas superan con creces los inconvenientes. Carece de la cualidad humana más diferenciadora y elevada: la inteligencia general, la capacidad de manejarnos bastante bien con lo que nos depara la vida. Eso es algo que nos sitúa a mucha distancia.

En resumen:

- El futuro verá una competición entre la ingeniería genética y la tecnología informática en forma de inteligencia artificial (IA).
- La ingeniería genética consiste en alterar el ADN para cambiar las características biológicas de un ser vivo.
- La inteligencia artificial es la capacidad de las máquinas programadas mediante ordenador para aprender y pensar.
- Los algoritmos son instrucciones informáticas que indican paso a paso a un sistema informático qué debe hacer y (por lo común) cómo hacerlo.
- Las supercomputadoras manejan entradas masivas de datos y realizan tropecientos cálculos por segundo. Los ordenadores cuánticos serán increíblemente más veloces.
- Los cíborgs son híbridos, combinaciones de cuerpos y mentes naturales y artificiales.
- Los androides son robots humanoides mejorados con inteligencia artificial que emulan a las personas y, en algunos aspectos, las superan. Los sistemas actuales de inteligencia artificial suelen hacer una sola cosa, como el reconocimiento de voz.
- Las grandes amenazas que implica hoy en día la inteligencia artificial radican en las armas, la pérdida de empleos y la privacidad.
- El desarrollo pleno de la inteligencia artificial general, IAG, superará en muchos aspectos la inteligencia humana.

14. El mañana del mañana

*Oh tiempo, tú eres quien ha
de desenredar esto, no yo.*

Viola, en *Noche de Reyes* de Shakespeare

Vivir en la Tierra se parece mucho a residir en un casino. La evolución es el juego de azar, y el ADN, el dinero. Tirar los dados, barajar las cartas, confiar en que salga una combinación ganadora hace subir las apuestas. Pero el precio de jugarnos la piel es la muerte. Los viejos jugadores deben dejar sitio en las mesas a la juventud: conceder a las fortunas familiares nuevas oportunidades para crecer y diversificarse. El dinero genético es más importante que sus propietarios.

Pero (por seguir con la metáfora) falta poco para que nos reformemos. Vamos a curarnos de la adicción al juego, a abandonar las mesas y a conservar el dinero en el bolsillo. En resumen, vamos a asumir el control de nuestros genes y a hacer nuestras propias inversiones. Y lo haremos porque podemos: la ciencia nos está brindando los medios.

Pero, ¿cuál es el plan exactamente? ¿Fortalecernos? ¿Sobrevivir? ¿Alguien lo sabe con certeza? La genética y la tecnología de la inteligencia artificial han abierto grandes avenidas para la exploración y el desarrollo. A menos que las pandemias, las guerras cibernéticas o nucleares, el cambio climático o cosas por el estilo acaben con nosotros, vamos directos a convertirnos en dioses inmortales de la creación. O, si las cosas van mal, en torpes Frankensteins degradados a una especie inferior.

Se hace camino al andar

La píldora anticonceptiva fue la primera traba al trabajo de la evolución. El placer sexual surgió por evolución para favorecer la reproducción y la diversidad genética. La píldora nos permitió tener placer sin las consecuencias que conlleva.

El próximo gran logro, el desciframiento y la modificación de genes, quizá se convierta en el acontecimiento biológico más trascendental desde la aparición de una célula provista de núcleo hace dos mil millones de años. El desarrollo de sistemas de inteligencia artificial podría tener un impacto aún mayor.

La vida está repleta de sufrimiento: enfermedades, conflictos, envejecimiento y la batalla de los seres vivos por alimentarse unos de otros y sobrevivir. Pero esto cambiará para el ser humano. La ciencia ficción está llena de posibilidades, pero en realidad los candidatos más probables son los superhumanos y los robots con inteligencia artificial general. Ambos harán gran cantidad de cosas mucho mejor que tú o que yo. Hasta podrían luchar entre sí para hacerse con el control, por supuesto. Pero esa sería una reacción humana: es emocional. Lo más probable es que diriman sus diferencias con una racionalidad analítica sublime. Pero no podemos saberlo con seguridad.

«Todas las especies se extinguen con el tiempo», dijo Darwin. Sin embargo, aunque los superhumanos o los superrobots acabaran imponiéndose, el *Homo sapiens* podría seguir existiendo al menos durante bastante tiempo. Las personas más conservadoras permanecerían ocultas en nichos ecológicos sin llamar mucho la atención, manteniendo las viejas tradiciones y salvaguardando la pureza de la especie. La reproducción sexual, los valores morales más arraigados, las leyes prescritas, los trabajos habituales y las costumbres decentes continuarían; valdría la pena vivir y morir por los hijos, y la fe en una vida futura aliviaría la amargura de la muerte. En resumen, nuestro comportamiento de hoy continuaría mañana, pero sin la violencia y la primacía. La reducción de la testosterona es crucial para sobrevivir con discreción.

Recién llegados

Los *superhumanos,* nuestros primos modificados genéticamente, serán como nosotros pero con un plus. Su perfeccionamiento progresivo con la medicina y la biología avanzadas debería volverlos inmortales, excepto en el caso de que se produzcan accidentes devastadores.

También deberían facilitarnos la vida. Los esclavos robóticos se encargarán de cubrir las necesidades cotidianas: comida, bebida, transporte, ropa, decoración, caprichos. Los robots también pueden construir una vivienda, crear impresiones 3D de un corazón o un hígado nuevos o fabricar y colocar una pierna artificial.

Aquí es donde intervienen los *cíborgs*. Dada su naturaleza híbrida, los cíborgs serán algo parecido a nosotros: en parte robots y en parte superhumanos. Podrían contar con cerebros mejorados mediante inteligencia artificial y piezas mecánicas para reparar y mejorar el frágil *wetware* del que estamos hechos nosotros. También podrían alcanzar un punto de inflexión en el que se volvieran más superrobots que superhumanos; en otras palabras, modificar su especie.

La inmortalidad requiere poblaciones de un tamaño fijo. Si no existe la necesidad de transmitir los genes propios, es probable que cese la reproducción y que ambos sexos se fundan gradualmente en uno solo. (En caso de necesidad, es probable que se pueda reponer a alguien usando una placa de Petri).

El paraíso

De modo que sin bebés, sin familias, sin ética laboral, sin preocupaciones ni dolor, con una vida entregada al placer y la molicie, el cielo tan anhelado habrá llegado a la Tierra.

¿A qué dedicarán sus días los superhumanos y los cíborgs? Hay varias posibilidades. Entre las más probables figura la *realidad virtual* (RV).

En esencia, la realidad virtual no es nada nuevo. Ya pasamos la mayor parte del tiempo libre con alguna forma de ella: vemos la televisión, leemos novelas, navegamos por internet, asistimos a obras de teatro y al cine, seguimos deportes y nos divertimos con videojuegos en teléfonos inteligentes. Y nos encanta.

La *realidad virtual tecnológica* se refiere a simulaciones generadas por computadora. Los usuarios interaccionan con un entorno tridimensional a través de unos cascos y un rastreador de movimiento electrónico de mano. (Aunque esta tecnología aún está en pañales, en Amazon se venden visores básicos de realidad virtual).

Cuando esté totalmente desarrollada, los usuarios controlarán una pantalla de tamaño real con retroacciones sensoriales. La inmersión física y mental es el objetivo último. El usuario se sentirá inmerso y activo dentro del contenido creado por la máquina.

Los superhumanos tendrán la libertad de llevar los estilos de vida virtuales que deseen y de modificarlos a su antojo. Se adentrarán en tramas de realidad virtual preparadas de antemano para elegir entre explorar el nanomundo de los átomos, formar parte del grupo de los Beatles o pasar días (o incluso siglos) dirigiendo un imperio virtual de su elección, tal vez incluso de su propia invención. Tendrán el control total de su historia.

Los cíborgs de mentes más románticas podrían imprimir alas artificiales, conectarlas a trasplantes de neuronas artificiales y volar por su cielo terrenal cual ángeles. Pero la posibilidad de caer y de sufrir daños irreparables tal vez entrañe un riesgo demasiado grande. Los vuelos simulados serán la norma, y la actividad física se reducirá al mínimo. Es posible que se pongan de moda los brazos y las piernas cortos para ganar en comodidad y eficiencia.

Además de adaptar contenidos visuales atrasados a los sistemas modernos de realidad virtual, habrá que producir todo tipo de programas nuevos. Esta podría ser la labor de los *H. sapiens*, cuyo estilo de vida tradicional, a diferencia del de los superhumanos, seguirá generando gran abundancia de material dramático de primera mano.

Los juegos de ordenador serán muy demandados y crearán amistades virtuales entre individuos que tal vez no lleguen a conocerse nunca, aunque, en caso de hacerlo, podrán intercambiarse o prestarse genes, como hacen los microbios. Es posible que llegue a desvanecerse el concepto del «yo», al igual que el concepto de «vida».

Los superhumanos bien podrían contemplar la realidad virtual como una jubilación merecida. Después de crear un orden superior de seres con robots mejorados con inteligencia artificial general (una hazaña nada desdeñable), quizá se sientan con el derecho a vivir a sus anchas. «Esta tarde nos vamos a la Antártida a dar de comer a los pingüinos», podría decir un grupo. Y, en cierto modo, lo harán.

Posthumanos

Si son capaces de reproducirse mediante genes artificiales y mutaciones, surgirán varias especies de robots. Las más primitivas acatarán las órdenes de los superhumanos. Pero es casi seguro que el mando lo tendrán sofisticados superrobots con inteligencia artificial general, capaces de pensar, de perfeccionarse y de repararse a sí mismos y los unos a los otros. No será necesario que tengan forma humana y hasta podrían remodelarse para adaptarse a las nuevas circunstancias. Se necesitarán nombres nuevos para los tipos que vayan apareciendo, pero «superrobots» servirá para empezar.

Se ha calculado que los superrobots con cerebros perfeccionados mediante inteligencia artificial general pensarán unas 10 000 veces más rápido que nosotros. Aunque no necesitarán oxígeno ni agua ni el conocimiento humano ni una cultura, sí necesitarán, además de energía eléctrica, un ciclo del oxígeno generado por la vida para evitar el sobrecalentamiento del planeta (solo eso evitaría que acabaran con los humanos y los superhumanos).

Pero el hábitat ideal de los superrobots no será el planeta Tierra. Lo más probable es que sea el espacio exterior. Equipados para la exploración y hasta para poblar el universo, utilizarán energía solar para recargar las baterías. Tal vez haya superrobots astronautas hechos de silicio. Los átomos de silicio se unen como los de carbono, pero el silicio admite temperaturas bajas. Y si hay algo en el espacio es un entorno gélido.

En la actualidad se están recopilando y almacenando los genomas de todas las especies de la Tierra en una base de datos en el Centro Nacional de Biotecnología de Estados Unidos, en Maryland. Con el tiempo, los superrobots astronautas podrían trasladar en naves espaciales el ADN de la Tierra, al estilo de Noé, para depositarlo, estudiarlo o manipularlo en entornos completamente nuevos.

Para recapitular

A lo largo de milenios nadie supo nada sobre el inestable mundo de la física cuántica ni que millones de neutrinos nos atraviesan el cuerpo continuamente. No tuvimos la menor idea de que compartimos el cuerpo inextricablemente con bacterias, de las que tal vez hasta seamos parásitos, ni de que el ADN gobierna quiénes y qué somos. Hoy en día, la ciencia está pelando el mundo como si se tratara de una cebolla, y con cada descubrimiento encontramos más (a veces mucho más) que aprender.

Los sentidos nos permiten ver lo que la evolución consideró útil que viéramos en un mundo sumamente complejo. Si no fuera así, estaríamos abrumados. Pero el desarrollo de la *imaginación*, una percepción extrasensorial única de los seres humanos (y, en cierta medida, de los protohumanos) hizo posibles nuevas creaciones físicas. Inspirados por la utilidad, aquellos ejercicios creativos dieron forma al mundo en que vivimos hoy.

Por tanto, volvamos a pensar en aquel árbol sobre el que tanto se ha pensado ya, que supuestamente está en aquella parcela (página 37). No se trata de si existe o no, sino de cuántas existencias tiene para la imaginación.

Un constructor podría verlo como la viga de un techo, un carpintero vería en él una mesa y un marinero un mástil de gran altura. Un informático podría pensar en un árbol de decisión; un impresor vería el *New York Times*. Un gigante podría considerarlo un vegetal comestible. Cuando llueve, todas las personas sin abrigo ven un paraguas verde en él. Pero si el árbol arde en llamas, se convierte en una barbacoa.

La ciencia tiene una visión muy diferente. Para un físico, un árbol son tres cuarks y algunos electrones que constituyen átomos que a su vez conforman moléculas de carbono, agua y algunos minerales que, siguiendo las instrucciones del ADN, son un árbol cuyas hojas producen oxígeno. Si se prende fuego al árbol, se transforma sobre todo en energía liberada en forma de calor y de luz.

Los conocimientos esotéricos derivan de la imaginación basada en la curiosidad. Con el tiempo, muchas de esas mentes imaginativas han pasado de la especulación filosófica a la formulación de teorías basadas en la ciencia y que requieren pruebas.

Hoy en día, las innovaciones tecnológicas, como los colisionadores de protones y los microscopios electrónicos, permiten estudiar un micromundo que estamos empezando a comprender ahora y que nadie sabe si llegaremos a descifrar del todo alguna vez. Se trata de un salto gigantesco hacia un futuro desconocido, tal vez incognoscible. La base del mundo cuántico es la incertidumbre.

Pero las personas necesitamos certidumbre para sentirnos seguras. Las creencias y la fe son indispensables. Necesitamos creer que podemos cruzar la calle sin que nos atropellen, o que el cielo no se nos caerá en la cabeza (algo que preocupaba mucho a los antiguos celtas). La muerte es una gran amenaza para la seguridad humana, pero la fe religiosa ofrece un bálsamo tranquilizador.

También la ciencia se basa en creencias. Pero así como ella insiste en encontrar pruebas, cada vez hay más ámbitos que las demandan. ¿Estamos preparados para afrontar estas nuevas realidades emergentes?

Hay quien piensa que podríamos ser parte de un plan cósmico ignoto, átomos ensamblados por accidente, peones en una simulación celestial o cosas parecidas que quedan fuera de nuestra imaginación o comprensión. Tal vez nunca lleguemos a saberlo.

Quizá falte poco para que descubramos otras fuerzas, partículas desconocidas, mundos mucho más pequeños que un cuark. Cualquiera de estas cosas tambalearía el carro de las manzanas científicas tanto como lo hicieron Copérnico, Newton y Albert Einstein. O lo volcaría por completo. En la teoría de la pluralidad de mundos o en un universo infinito, todo es posible.

Sea cual sea el origen de la vida (y su creación por parte de un anciano de piel blanca y barba luenga es poco probable), nos hemos situado varios eones por delante de todas las criaturas que han vivido jamás. Pero puede que hayamos empezado a componer el canto del cisne de la humanidad, nuestra melodía final. Es posible que el ADN se vuelva superfluo y que la verdadera acción se traslade a otros planetas.

Nos aguardan grandes decisiones. Lo que resulte de ellas depende en gran medida de la educación. Si conocemos las características fundamentales de la ciencia, si tenemos cierta idea de qué se sabe y cuánto queda por descubrir, podremos empezar a entender qué está pasando y, tal vez incluso, influir en ello.

Nos encontramos en un momento crítico.

Apéndice

Bagaje: Algunos temas más amplios pero relacionados

Termodinámica

La termodinámica trata básicamente sobre la energía térmica y sobre cómo afecta a la materia. Sus leyes principales son:

1. *La energía en el universo se conserva.* Se puede transferir o transformar de un tipo a otro, pero la cantidad total no cambia.
2. *La entropía tiende a aumentar de manera irreversible en los sistemas.* La entropía es el desorden y la pérdida de energía disponible para realizar un trabajo.
3. Un «sistema» puede ser aislado, cerrado o abierto.

   a) En un *sistema aislado*, ni la materia ni la energía pueden intercambiarse con una fuente exterior. Están encerradas en él. El universo y las botellas termo son sistemas aislados.

b) Un *sistema cerrado* puede intercambiar energía con una fuente exterior, pero no materia. Una olla con la tapadera puesta absorbe el calor de la hornilla.

c) Un *sistema abierto* puede intercambiar tanto energía como materia con una fuente exterior. Tu cuerpo es un sistema abierto, ya que se mueve y se alimenta.

Recordemos que la energía térmica es el flujo de energía entre dos sistemas a temperaturas diferentes. A medida que el calor aumenta, también lo hace el desorden. En un estado de entropía elevada, o de máximo desorden, no ocurre nada, por ejemplo, en la batería agotada de un coche. Toda actividad implica alguna pérdida de energía. Si levanto un peso, una cuarta parte de la energía que empleo realiza el trabajo, y el resto se pierde en forma de calor.

Star Trek

Como se describe en el capítulo 1, cuando una estrella agota su combustible, sucumbe a la fuerza de la gravedad. Las estrellas pequeñas se colapsan y dan lugar a enanas blancas. Las estrellas más pesadas explotan, y las masivas de verdad se convierten en supernovas.

Una *supernova* es el último instante glorioso de una estrella que fue grandiosa en el pasado. El gigantesco estallido de luz y energía lanza hacia fuera las capas externas del astro, y en el proceso se forman los elementos más pesados del universo, como el oro y el platino.

Lo que queda de la estrella, su núcleo interno, se comprime debido a la gravedad hasta formar un punto superdenso. El peso inconcebible de ese punto abre un agujero en forma de embudo en el tejido del espacio. La gravedad dentro del embudo es tan intensa que se traga hasta la luz. Esto es un *agujero negro*.

Los *agujeros negros* son los restos de estrellas masivas que se colapsaron bajo su propio peso. El borde de un agujero negro está rodeado por una banda fulgurante de polvo y gases. Las fauces abiertas del agujero negro se tragan todo el material procedente del borde, lo que incrementa el tamaño y la intensidad del objeto. El halo abrasador a partir del cual nada regresa se llama horizonte de sucesos. El fulgor alimentado por el gas es lo que nos permite «ver» el agujero negro. Hace poco se fotografió uno.

Hay dos tipos principales de agujeros negros. El más común está formado por remanentes de estrellas con una masa entre 10 y 24 veces mayor que la del Sol y están repartidos por las galaxias de todo el universo.

El segundo tipo lo conforman los impresionantes agujeros negros supermasivos, millones y millones de veces más masivos que nuestro Sol. Imagine. Hay uno en el centro de cada galaxia. Cuanto más grande es la galaxia, mayor es el agujero negro que reside en su centro. El que está alojado en el núcleo de nuestra Galaxia, Sagitario A*, tiene una masa 4 millones de veces mayor que la del Sol y dista 26 000 años luz de la Tierra.

Las *estrellas de neutrones* se forman a partir de supernovas, igual que los agujeros negros. Pero su núcleo no es lo bastante masivo como para colapsarse hasta el punto de formar un agujero negro. Lo que sucede entonces es que los protones y electrones se aplastan entre sí hasta combinarse y solo quedan los neutrones.

Las estrellas de neutrones son astros minúsculos pero increíblemente densos, hasta extremos inconcebibles. En un radio de unos 15 km albergan una masa igual a la del Sol. Se cree que un dedal de su materia pesaría como mínimo mil millones de toneladas.

Nuestra Galaxia alberga en torno a un millón de estrellas de neutrones.

Los *cuásares* (objetos cuasiestelares) son las luces más brillantes del cosmos y los objetos más lejanos que se conocen hasta ahora. Los cuásares, con un tamaño millones o miles de millones de veces mayor que el del Sol, probablemente constituyan el borde abrasador de agujeros negros supermasivos formados a su vez por estrellas megagigantes del universo primitivo. Su máximo de actividad ocurrió 10 000 millones de años atrás.

A medida que los gases circundantes se precipitan al interior del agujero negro, se libera radiación electromagnética, y eso lanza al exterior chorros ardientes. Se calcula que la producción energética de un cuásar es igual a la de toda nuestra Galaxia, de ahí que tenga una luz superbrillante un billón de veces más intensa que la del Sol. La luz que vemos nosotros ha viajado durante miles de millones de años.

Cuando la galaxia más cercana a nosotros, la de Andrómeda, choque con la nuestra, dentro de 3000 a 5000 millones de años, se espera que dé lugar a un cuásar.

Ondas gravitatorias. Cuando se produce un choque entre estrellas de neutrones o agujeros negros descomunales, el impacto lanza al espacio ondas de energía parecidas a las que se forman en el agua de un estanque. En 2015, el observatorio LIGO detectó estas ondas en forma de vibraciones. El «zumbido» de estas ondas, que se formaron hace más de mil millones de años y viajan a la velocidad de la luz, confirmó la teoría de Einstein de que el espaciotiempo es un tejido maleable.

Reacciones nucleares

Las *reacciones químicas,* descritas en el capítulo 2, implican la redistribución de electrones para quemar combustible y crear sustancias nuevas.

Las *reacciones nucleares* implican cambios en el interior del núcleo atómico. La fusión nuclear y la fisión nuclear son reacciones nucleares artificiales con las que se fabrican bombas. Pero las reacciones nucleares también ocurren de manera espontánea en el interior del núcleo de los átomos y arrojan resultados sorprendentes.

Los átomos suelen tener el mismo número de protones que de electrones. Pero algunos átomos de un elemento pueden tener un número diferente de neutrones. Estos átomos se denominan *isótopos*.

Los neutrones aportan masa y estabilidad. Cuando hay demasiados (o muy pocos), el átomo se vuelve inestable y se dice que es *radiactivo*. Con la finalidad de recuperar la estabilidad, el átomo se desprende de algunas de sus partículas. Esto se llama *radiación*, y la ruptura del núcleo del átomo es la *desintegración radiactiva*.

En su esfuerzo por reducir la energía y recuperar la estabilidad, el átomo hará algunas cosas demenciales, como convertir un tipo de partícula en otra, crear partículas nuevas y, en general, modificar el elemento químico al que pertenece.

Las emisiones atómicas que salen disparadas desde un núcleo inestable son peligrosas por su capacidad de penetración. Pero algunas también resultan útiles. Hay tres tipos principales: partículas alfa, partículas beta y rayos gamma.

En la *desintegración alfa*, el átomo inestable porta demasiados protones, por lo que emite partículas alfa. (Una partícula alfa es un paquete de 2 protones y 2 neutrones enlazados). Su lanzamiento estabiliza el átomo. Pero también altera el número de protones del átomo, lo que lo transforma en un elemento químico distinto.

La capacidad de las partículas alfa para penetrar en los seres vivos es mínima. Para causar un daño real deben ingerirse. (Las partículas alfa del isótopo polonio-210 son conocidas porque sirvieron para envenenar a un antiguo espía ruso).

En la *desintegración beta*, el átomo tiene un exceso de protones o de neutrones. El problema se resuelve convirtiendo unos en otros. Esto da lugar a un elemento nuevo, y en el proceso se emiten electrones de alta energía. Estos son más de mil veces más pequeños que las partículas alfa, de modo que penetran en la piel y causan quemaduras y daños en los tejidos.

Si el átomo sigue teniendo demasiada energía después de su desintegración, entonces emitirá *rayos gamma.* Los rayos gamma son fotones de alta energía (partículas de luz). Puesto que carecen de masa y de carga eléctrica, penetran con facilidad en la mayoría de las superficies, incluidos los metales. La radiación gamma puede causar daños graves en organismos vivos, pero son útiles para atacar células cancerosas.

Por suerte, estamos hechos casi en exclusiva de átomos muy estables, como el carbono, el hidrógeno, el oxígeno y el nitrógeno.

Relojes atómicos

Las emisiones de isótopos se utilizan para datar materiales antiguos, desde fósiles y pinturas rupestres hasta explosiones volcánicas y la edad de la Tierra.

La *desintegración del carbono* o *datación por carbono-14* es la más conocida. El isótopo carbono-14 está presente en todos los seres vivos. Cuando un organismo muere, este isótopo se desintegra a un ritmo fijo. Al cabo de 5735 años se habrá desintegrado la mitad del carbono-14, mientras que la cantidad original de carbono-12 habrá permanecido igual. El cotejo de la diferencia entre ambos permite fechar fósiles de hasta unos 40 000 años de antigüedad.

La datación *uranio-plomo* y *potasio-argón* también usa emisiones radiactivas y permite fechar muestras de hasta 500 000 y 5000 millones de años de antigüedad, respectivamente.

La luz

Nuestros antepasados hacían bien en adorar al Sol. La luz del Sol es dadora de vida: es nuestra fuente de energía, de calor, de alimento y de oxígeno, y nos permite ver el mundo que nos rodea. ¿Pero qué es exactamente?

La luz del Sol empieza siendo energía solar liberada por la fusión nuclear en el centro del astro. Al llegar a su superficie se transforma en ondas de energía electromagnética que viajan por el espacio en línea recta. La luz solar es *radiación electromagnética.*

Las ondas electromagnéticas se componen de diminutas partículas de energía sin masa (fotones). Los fotones viajan a la velocidad fija de 300 000 kilómetros por segundo y tardan ocho minutos en llegar a la Tierra.

Cuando hablamos de luz solemos referirnos a la luz visible. Pero hay 7 tipos diferentes de ondas electromagnéticas, de luz. Nosotros solo vemos uno de ellos, pero todos viajan con los fotones.

Las ondas de luz serpentean como un látigo. Tienen elevaciones y hondonadas, crestas y valles. Cada tipo tiene una longitud de onda particular (la distancia entre una cresta y la siguiente) y una frecuencia diferente (el número de crestas que pasan por un punto fijo en un tiempo determinado). Cuanto más corta es la longitud de onda, más intensa es su energía.

La clasificación de los 7 tipos de mayor a menor energía es la siguiente: rayos gamma, rayos X, luz ultravioleta, luz visible, luz infrarroja, microondas y ondas de radio.

La *luz visible* es una parte muy pequeña de todo el espectro. Es menos energética que la luz ultravioleta o los rayos X, pero más energética que la luz infrarroja y las ondas de radio que utilizamos para transmitir mensajes.

La luz visible se refleja en un objeto y entra por la retina hasta la parte posterior del ojo. El cerebro crea una imagen a partir de ella que normalmente se basa en patrones que se fijaron en una etapa temprana de la vida.

El ojo humano percibe las ondas de la luz visible como colores concretos: un espectro como el arcoiris que va del color rojo al naranja, amarillo, verde, azul, índigo y violeta. Cada color se define por una frecuencia diferente.

El violeta tiene la longitud de onda más corta y la frecuencia más alta; el rojo tiene la longitud de onda más larga y la frecuencia más baja.

El color depende de la reflexión y la absorción de las longitudes de onda cuando rebotan en un material. Los pigmentos son unos materiales cuyas moléculas absorben las ondas de luz de un color determinado y reflejan otras. Una camisa roja se ve de ese color porque el pigmento del tejido ha absorbido el resto de los colores y solo refleja el rojo. El blanco es el reflejo de todos los colores juntos. El negro resulta cuando un material absorbe todas las ondas de luz.

La luz infrarroja irradia *calor*. No la vemos, pero podemos percibirla. (Algunas criaturas, como las serpientes, sí la ven).

La luz infrarroja se transfiere a los materiales en forma de calor térmico mediante fotones que excitan los electrones del material en cuestión. Las moléculas empiezan a agitarse, y el aumento de la agitación eleva la temperatura.

También la Tierra absorbe luz infrarroja y la irradia hacia el exterior en forma de energía térmica. (Véase más adelante el apartado sobre cambio climático).

La energía luminosa desencadena la *fotosíntesis* en las plantas. Las plantas verdes utilizan el pigmento de la clorofila para absorber la energía luminosa y convertir el dióxido de carbono y el agua en azúcares y almidones.

Cambio climático

A lo largo de la existencia de nuestro planeta ha habido cinco cambios climáticos cataclísmicos que han transformado la superficie de la Tierra y aniquilado la mayoría de los seres vivos que albergaba. Los principales causantes han sido erupciones volcánicas, impactos de asteroides y cambios en la inclinación de la Tierra. Esta vez la amenaza de que se produzca un calentamiento global desbocado parece provenir en gran medida de la actividad humana.

La Tierra está rodeada por una atmósfera gaseosa de múltiples capas, como si fuera un halo. Esta envoltura protege el planeta de un exceso de luz solar y de los dañinos rayos ultravioletas.

La luz del Sol atraviesa la atmósfera hasta llegar a la superficie terrestre, donde es absorbida e irradiada de vuelta al espacio en forma de calor. Este retorno permite que la Tierra se enfríe.

Gran parte del calor devuelto al espacio queda entonces atrapado por los gases atmosféricos y, como vuelve a irradiarse hacia la Tierra, la calienta. Este vaivén singular suele mantener estable la temperatura de la Tierra, y el planeta en condiciones de ser habitable, o «perfecto», como solemos afirmar con convicción.

Como permitir que entre la luz del Sol e impedir que salga demasiado calor se parece a lo que ocurre en un invernadero, la versión natural de ese mismo proceso se denomina *efecto invernadero*, y los gases que atrapan el calor se conocen como *gases de efecto invernadero*.

Por desgracia, el extraordinario equilibrio del efecto invernadero se está desajustando. Hay una producción excesiva de gases de efecto invernadero, sobre todo por nuestra parte. Como resultado, esos gases atrapan demasiado calor y lo irradian de vuelta a la Tierra, lo que causa un incremento de la temperatura.

Los principales gases de efecto invernadero son tres: el dióxido de carbono (CO_2), el metano y el óxido nitroso. El metano es, con diferencia, el más potente, pero el dióxido de carbono es el más abundante y persistente, ya que puede perdurar cientos de años.

El *dióxido de carbono* es el más perjudicial. Una cuarta parte de los gases de efecto invernadero producidos por la humanidad procede de la quema de combustibles fósiles (carbón, petróleo y gas natural). Los combustibles fósiles propulsan fábricas y sistemas de calefacción central, se usan para mover los coches y para generar electricidad. ¿Qué haríamos sin ellos?

El sector de la fabricación de cemento es otro gran productor de CO_2. El cemento es la base del hormigón. Y el hormigón es el material de construcción más utilizado en todo el mundo.

Por supuesto, las hojas de las plantas verdes absorben y retienen el dióxido de carbono. Pero la quema de madera lo vuelve a liberar y también destruye los contenedores capaces de almacenarlo. Además, se talan bosques enteros para quemarlos como leña y dejar más espacio para cultivos.

Los océanos son megasuccionadores de CO_2. Pero si se disuelven en ellos cantidades excesivas los mares se acidifican, y la acidez aniquila los mariscos y los arrecifes de coral. Además, el deshielo de los glaciares debido al calentamiento global eleva el nivel del mar y conlleva la pérdida de tierras disponibles.

El *metano* es el segundo gas de efecto invernadero más abundante. El gas natural es metano en su mayor parte.

El ganado es un productor inocente de metano: su sistema digestivo expulsa gas metano por ambos orificios.

El cultivo básico de toda Asia es el arroz. Pero los cultivos de arroz liberan metano debido a la actividad bacteriana que existe en los arrozales anegados.

Los vertederos y los basureros también producen gas metano.

Óxido nitroso. Los fertilizantes contienen nitrógeno, el cual libera óxido nitroso al entorno. Esta sustancia, también conocida como «gas de la risa», no debería hacernos ninguna gracia. El óxido nitroso también daña la capa de ozono de la atmósfera que nos protege de la radiación ultravioleta.

El calentamiento global provoca fenómenos meteoroló-
gicos extremos: inundaciones, sequías, incendios y hura-
canes. Como todo está conectado, todo se ve afectado.

Antimateria

Debemos decir algo sobre este fenómeno. Cada partícula elemental de materia cuenta con una antipartícula que
es su imagen especular, excepto por un solo aspecto: tienen cargas eléctricas opuestas. La antipartícula del electrón se llama positrón, y la antipartícula del protón es el
antiprotón. Ambas se han observado. Pero hay un problema: cuando una partícula y una antipartícula se encuentran, se aniquilan mutuamente y sus masas se convierten
en energía (de acuerdo con la ecuación de Einstein $E = mc^2$).

Durante la Gran Explosión *(Big Bang)* surgió una cantidad equivalente de partículas y antipartículas, y se produjo la aniquilación mutua entre ellas. Entonces, ¿cómo
llegó a formarse la materia y a prevalecer el universo que
tenemos ahora consistente en partículas? ¿Por qué el universo no está repleto de energía en lugar de materia, y
dónde está toda la antimateria? ¿Podría haber en algún
lugar de ahí fuera un universo de antimateria? Estos son
algunos de los interrogantes más complejos a los que se
enfrenta la cosmología en la actualidad.

Glosario

ácidos nucleicos: Material que compone las moléculas de ADN y ARN.

ADN (ácido desoxirribonucleico): Material hereditario en forma de escalera de caracol que se conoce como doble hélice.

ADNmt: ADN inmerso en las mitocondrias de las células.

agujero negro: Agujero en el espacio creado por el peso de los restos de una estrella en contracción, y rodeado por un borde ardiente.

alelos: Variaciones de genes que expresan rasgos dominantes y recesivos.

algoritmos: Instrucciones codificadas que indican a un ordenador qué hacer y de qué manera.

Alzheimer, enfermedad de: Enfermedad en que una acumulación de proteínas destruye la capacidad de funcionamiento del cerebro.

aminoácidos: Los componentes básicos de las proteínas.

androide: Robot diseñado para parecer y actuar como un ser humano.

antibióticos: Medicamentos que matan bacterias o impiden su propagación.

antimateria: Partícula idéntica a otra pero con carga eléctrica opuesta.

aprendizaje por refuerzo: Sistema de aprendizaje de la inteligencia artificial mediante ensayo y error.

aprendizaje profundo *(deep learning):* Capacidad de los sistemas de inteligencia artificial programados por ordenador para aprender por sí solos.

ARN (ácido ribonucleico): Ácido nucleico que copia el código del ADN en el núcleo de la célula y lo transmite a los ribosomas para que lo ensamblen como proteínas.

arqueas: Microorganismos unicelulares que se cuentan entre las formas de vida más antiguas del planeta.

átomo: Componente esencial de la materia.

ATP (trifosfato de adenosina): Molécula que libera energía en todas las células de los seres vivos.

axón: Filamento único de las células nerviosas que envía señales celulares eléctricas.

bacteria: Microorganismo unicelular carente de núcleo.

bacteriófago: Virus que aniquila bacterias.

bosón: Partícula portadora de la fuerza nuclear débil. *Véase también* bosón de Higgs.

bosón de Higgs: Partícula subatómica que de una manera indirecta aporta masa a la materia.

calor: Flujo de energía entre objetos que están a diferentes temperaturas.

célula: Componente esencial de todos los seres vivos.

célula eucariota: Célula provista de un núcleo que contiene el material genético.

células madre: Células sin una identidad específica pero capaces de convertirse en diferentes tipos de células.

cerebelo: A menudo denominado cerebro primitivo, coordina el movimiento y el equilibrio.

cerebro (o telencéfalo): Parte del encéfalo que contiene la materia gris y blanca.

cianobacterias: Grupo primitivo de bacterias capaces de realizar la fotosíntesis.

cíborg: Seres consistentes en una mezcla de ingeniería genética y mecánica.

citoplasma: Solución acuosa dentro de una célula pero fuera de su núcleo.

clon: Réplica exacta de otra célula u organismo.

cloroplastos: Partes de las plantas verdes donde se realiza la fotosíntesis.

compuesto: Dos o más átomos de diferentes tipos unidos químicamente.

cortisol: Hormona del estrés.

CRISPR-Cas9: Método eficaz de modificación de genes.

cromosomas: Partículas que aglomeran las moléculas de ADN.

cuanto: Porción más pequeña de materia.

cuark: Partícula subatómica; los protones y los neutrones están formados por cuarks.

cuásar: Luz brillante muy lejana que se cree que es el borde fulgurante de un agujero negro supermasivo.

dendritas: Filamentos de las células nerviosas que reciben señales de otras células nerviosas.

desintegración alfa: Radiactividad consistente en la emisión de partículas (núcleos de helio) de alta energía.

desintegración beta: Radiactividad consistente en la emisión de electrones de alta energía.

desintegración del carbono: Método de datación de fósiles mediante la medición de su contenido de carbono-14.

dióxido de carbono (CO_2): Compuesto gaseoso formado por 1 átomo de carbono y 2 de oxígeno.

doble hélice: *Véase* ADN.

dopamina: Hormona neurotransmisora que produce bienestar.

E. coli: Bacteria que se encuentra a menudo en el intestino.

efecto fotoeléctrico: Característica de la luz que permitió a Einstein demostrar que esta se compone de partículas.

electricidad: Flujo de electrones a través de un conductor.

electrón: Partícula subatómica de carga negativa que rodea el núcleo del átomo.

electrones de valencia: Electrones más alejados del núcleo de un átomo.

elemento: Uno o más átomos unidos que contienen el mismo número de protones.

endorfinas: Hormonas que suelen conocerse como opiáceos naturales.

energía: La capacidad para mover algo y realizar trabajo.

energía oscura: Fuerza misteriosa que se cree que compone alrededor del 70 % del universo.

enlace iónico: Método para unir átomos mediante el intercambio de electrones.

enlace químico: Proceso que ensambla átomos para construir materia.

enlaces covalentes: Unión de elementos y compuestos mediante la superposición de electrones compartidos.

entrelazamiento cuántico: Capacidad de un par de partículas para influirse mutuamente y alterar el comportamiento de la otra cuando están muy alejadas entre sí.

entropía: Estado de desorden que tiende al caos.

enzima: Proteína que actúa como catalizador acelerando las reacciones químicas.

epigenética: Estudio de los factores externos a los genes que afectan a la expresión génica.

espaciotiempo: Observación einsteiniana de que el espacio y el tiempo están entrelazados.

estrella de neutrones: Estrella pequeña e increíblemente densa formada por neutrones.

experimento de la doble rendija: Célebre demostración de la incertidumbre que caracteriza los comportamientos subatómicos.

fago: *Véase* bacteriófago.

fisión nuclear: Escisión del núcleo de un átomo para liberar energía.

fotón: Partícula de luz.

fotosíntesis: Proceso por el que las plantas verdes utilizan la energía del Sol y el CO_2 del aire para fabricar azúcares y liberar oxígeno.

fuerza electromagnética: Fuerza fundamental que combina las fuerzas eléctrica y magnética. Es acarreada por los fotones (luz).

fuerza nuclear débil: Una de las cuatro fuerzas fundamentales de la naturaleza; la acarrean los bosones W y Z.

fuerza nuclear fuerte: Fuerza que mantiene unido el núcleo atómico.

fuerzas fundamentales: Las cuatro fuerzas que se cree que aparecieron poco después de la Gran Explosión *(Big Bang)*.

fusión nuclear: Unión de dos núcleos atómicos para liberar energía.

gen: Segmento de ADN que codifica aminoácidos para fabricar una proteína celular.

genes saltarines: Genes que cambian de posición dentro de un cromosoma, y que en los virus y bacterias pueden saltar de un ente a otro.

genética: Estudio científico de la herencia biológica.

genoma: Información hereditaria almacenada en los cromosomas.

gluon: Partícula subatómica portadora de la fuerza nuclear fuerte.

Gran Explosión *(Big Bang):* Expansión repentina de un núcleo insignificante que se cree que marca el comienzo del universo.

gravedad: La fuerza que une la materia a gran escala.

gravitón: Partícula teórica portadora de la gravedad.

hongos: Microorganismos que se reproducen mediante la propagación de esporas. El moho es un ejemplo.

hormona: Mensaje químico a base de proteínas que segregan las glándulas endocrinas.

IA: *Véase* inteligencia artificial.

infrarrojo: Tipo de radiación electromagnética que produce sensación de calor.

ingeniería genética: Proceso consistente en modificar el ADN para alterar las características de un ser vivo.

instinto: Tendencia innata o biológica a seguir un comportamiento determinado.

inteligencia artificial (IA): Inteligencia mecánica creada mediante sistemas informáticos programados.

interpretación de la pluralidad de mundos: Teoría que contempla el mundo cuántico dividiéndose constantemente en versiones alternativas de la realidad.

ion: Átomo o grupo de átomos con un número diferente de electrones que de protones.

isótopo: Átomos de un elemento que cuentan con un número de neutrones diferente al del resto de átomos.

láser: Instrumento de luz de alta energía concentrada.

lisosoma: Partícula que ayuda a descomponer los alimentos dentro de las células.

LUCA: Último ancestro común universal.

masa: Materia física. La masa se diferencia del peso en que este último mide los efectos de la gravedad.

materia: Cualquier cosa que ocupa un espacio y tiene masa.

materia blanca: Las fibras nerviosas aisladas por una envoltura blanca.

materia gris: Capa exterior del cerebro.

materia oscura: Materia misteriosa que se cree que compone alrededor del 20 % del universo.

mecánica cuántica: Estudio del mundo subatómico.

meiosis: Proceso de reproducción que combina un óvulo y un espermatozoide.

metilación (Me): Recubrimiento químico de un gen que puede alterar su funcionamiento.

microbioma: Población total de microorganismos que hay en el cuerpo.

microorganismo: Criatura unicelular inapreciable a simple vista.

mielina: Recubrimiento protector del filamento axón de las células nerviosas.

mitocondrias: Orgánulos celulares que proporcionan energía a la célula. También contienen un poco de ADN.

mitosis: Proceso de creación de células nuevas para reparar tejidos corporales.

modelo estándar: Serie de ecuaciones que describen cómo interaccionan las partículas subatómicas.

molécula: Dos o más átomos unidos por enlaces covalentes.

mutación: Error en el código genético.

neurona: Célula nerviosa del sistema nervioso central: el telégrafo del cuerpo.

neurotransmisores: Sustancias químicas del sistema nervioso que transportan señales eléctricas.

neutrón: Partícula del núcleo atómico con carga eléctrica neutra.

núcleo: Término empleado en dos áreas científicas: para aludir a la región central de un átomo y para referirse al centro de control de una célula.

ondas de radio: Parte del espectro electromagnético que se emplea en comunicación.

ondas gravitatorias: Arrugas en el espaciotiempo.

ordenador cuántico: Ordenador hiperveloz basado en la mecánica cuántica.

orgánulos: Suborganos de las células.

oxitocina: Hormona que afianza las relaciones sociales y los lazos afectivos.

partícula: Pequeño fragmento de materia subatómica o atómica.

placa de Petri: Especie de platillo que se usa en los laboratorios para cultivar microbios, etc.

principio de incertidumbre: Principio básico de la física cuántica que establece la imposibilidad de conocer la posición y la velocidad de un objeto subatómico al mismo tiempo.

probióticos: Bacterias y levaduras vivas que se ingieren para mejorar la digestión.

proteína: Cadena de aminoácidos ensamblados. Los componentes esenciales de la célula.

protón: Partícula con carga eléctrica positiva situada en el núcleo del átomo.

química: Estudio científico de la materia, su composición y sus interacciones químicas.

radiación: Movimiento de energía en forma de partículas u ondas.

radiactividad: Emisión espontánea de partículas de alta energía con la que un átomo inestable recupera la estabilidad.

rayos gamma: Fotones de alta energía.

reacción química: Proceso mediante el cual interaccionan elementos o compuestos y cambian de naturaleza.

realidad virtual: Realidad simulada con tecnología por una inteligencia artificial.

relatividad especial: Teoría de Einstein sobre la relación entre el espacio y el tiempo.

relatividad general: Teoría de Einstein según la cual la gravedad es una deformación del espaciotiempo.

retículo endoplasmático (RE): Parte de las células donde se organizan las proteínas.

ribosomas: Fábricas celulares que producen proteínas.

robot: Máquina programada para realizar tareas de forma automática.

selección natural: Principio central de la teoría de la evolución de Darwin: los organismos mejor adaptados a su entorno tienen mayor probabilidad de sobrevivir y de transmitir sus genes.

serotonina: Neurotransmisor relacionado con el bienestar.

sinapsis: Pequeños huecos que median entre las células nerviosas.

sistema inmunitario: Medio a través del cual el organismo se defiende de invasores indeseados.

sueño NREM: Fase del sueño de movimientos oculares no rápidos (del inglés *Non-Rapid Eye Movement*), en la que se duerme en profundidad y sin sueños.

sueño REM: Fase del sueño de movimientos oculares rápidos (del inglés *Rapid Eye Movement*) y en la que se sueña.

supernova: Explosión masiva de una megaestrella moribunda.

superposición: Estado teórico que consiste en encontrarse en más de un estado al mismo tiempo.

teletransporte cuántico: Transferencia de información cuántica a través del entrelazamiento cuántico.

telómeros: Extremos finales de cada cromosoma. Se acortan con cada división celular.

teoría cuántica de campos: Sostiene que el universo está hecho de partículas y campos.

teoría cuántica de lazos: Teoría cuántica de la gravedad.

teoría de cuerdas: Teoría que aspira a unir la mecánica cuántica y la teoría de la relatividad general de Einstein.

teoría de la relatividad: Alude a dos artículos científicos de Einstein que tratan sobre la gravitación, el espacio y el tiempo.

teoría del todo: Empeño de los especialistas en física para unir la relatividad general y la física cuántica en una sola teoría.

teoría M: Teoría cuántica que implica partículas subatómicas con forma de lazos.

termodinámica: Campo de estudio centrado en la energía térmica y sus efectos sobre la materia.

transferencia horizontal de genes (HGT): Transferencia de material genético entre seres de la misma generación. *Véase además* genes saltarines.

túnel cuántico: Capacidad de las partículas subatómicas para atravesar una barrera.

virus: Microorganismo pseudovivo que se reproduce dentro de las células de otros seres.

Bibliografía y lecturas complementarias

Allen, Terence y Cowling, Graham. *The Cell*, 2011, Oxford University Press.

Al-Khalili, Jim. *The World According to Physics*, 2020, Princeton University Press. [Versión en castellano: *El mundo según la física*, 2021, Alianza Editorial; trad. de Dulcinea Otero-Piñeiro].

Ananthaswamy, Anil. *Through Two Doors At Once*, 2020, Duckworth Books.

Boden, Margaret. *Artificial Intelligence*, 2018, Oxford University Press. [Versión en castellano: *Inteligencia artificial*, 2017, Turner; trad. de Inmaculada Pérez Parra].

Bryson, Bill. *A Short History of Nearly Everything*, 2016, Black Swan. [Versión en castellano: *Una breve historia de casi todo*, 2016, RBA; trad. de José Manuel Álvarez Flórez].

—, *The Body*, 2019, Doubleday. [Versión en castellano: *El cuerpo humano: guía para ocupantes*, 2020, RBA; trad. de Francisco J. Ramos Mena].

Capra, Fritjof. *The Tao of Physics*, 1992, 3.ª ed., HarperCollins. [Versión en castellano: *El tao de la física*, 2017, Sirio; trad. de Alma Alicia Martell Moreno].

Carey, Nessa. *The Epigenetics Revolution*, 2011, Icon Books. [Versión en castellano: *La revolución epigenética*, 2013, Biblioteca Buridán; trad. de Josep Sarret Grau].

Carroll, Sean. *The Big Picture*, 2016, One World Publications. [Versión en castellano: *El gran cuadro*, 2017, Pasado y Presente; trad. de Antonio Iriarte].

Carter, Rita. *The Brain Book*, 2014, Dorling Kindersley.

Charlesworth, Brian y Deborah. *Evolution*, 2017, Oxford University Press.

Chown, Marcus. *The Ascent of Gravity*, 2018, Weidenfeld & Nicholson.

Close, Frank. *Particle Physics*, 2004, Oxford University Press.

Cox, Brian y Cohen, Andrew. *Human Universe*, 2015, William Collins.

Cox, Brian y Forshaw, Jeff. *Why Does E = mc²?*, 2010, Da Capo Press. [Versión en castellano: *¿Por qué E = mc²?*, 2013, Debate; trad. de Marcos Pérez Sánchez].

Crawford, Dorothy H. *Viruses: A Very Short Introduction*, 2018, Oxford University Press. [Versión en castellano: *Virus: una breve introducción*, 2020, Antoni Bosch Editor; trad. de Dulcinea Otero-Piñeiro].

Davies, P. C. W. y Brown, J. (editores). *Superstrings: A Theory of Everything?*, 1988, Cambridge University Press. [Versión en castellano: *Supercuerdas ¿una teoría de todo?*, 1990, Alianza Editorial; trad. de Tomás Ortín].

Dawkins, Richard. *The Blind Watchmaker*, 1986, Longman Group. [Versión en castellano: *El relojero ciego*, 2015, Tusquets Editores; trad. de Manuel Arroyo Fernández].

Eagleman, David. *Incognito*, 2011, Canongate. [Versión en castellano: *Incógnito*, 2013, Anagrama; trad. de Damián Alou].

—, *The Brain*, 2015, Canongate. [Versión en castellano: *El cerebro*, 2017, Anagrama; trad. de Damián Alou].

Finlayson, Clive. *Humans Who Went Extinct*, 2009, Oxford University Press. [Versión en castellano: *El sueño del neandertal: por qué se extinguieron los neandertales y nosotros sobrevivimos*, 2010, Editorial Crítica; trad. de Joandomènec Ros].

George, Alison (editora). *How Evolution Explains Everything about Life*, 2017, New Scientist/John Murray.

Gidley, Jennifer M. *The Future*, 2017, Oxford University Press.

Greene, Brian. *The Elegant Universe*, 1999, Jonathan Cape. [Versión en castellano: *El universo elegante*, 2018, Editorial Crítica; trad. de Mercedes García Garmilla].

Gribbin, John. *In Search of Schrodinger's Cat*, 2012, Black Swan. [Versión en castellano: *En busca del gato de Schrödinger*, 1994, Salvat Editores; trad. de Luis Navarro Veguillas].

—, *Six Impossible Things*, 2019, Icon Books.

Harari, Yuval Noah. *Sapiens: A Brief History of Humankind*, 2014, Harvill Secker. [Versión en castellano: *Sapiens. De animales a dioses: Una breve historia de la humanidad*, 2014, Editorial Debate; trad. de Joandomènec Ros].

—, *Homo Deus*, 2017, Jonathan Cape. [Versión en castellano: *Homo Deus*, 2018, Editorial Debate; trad. de Joandomènec Ros].

—, *21 Lessons for the 21st Century*, 2018, Jonathan Cape. [Versión en castellano: *21 lecciones para el siglo XXI*, 2018, Editorial Debate; trad. de Joandomènec Ros].

Hawking, Stephen W. *Brief Answers to the Big Questions*, 2018, John Murray. [Versión en castellano: *Breves respuestas a las grandes preguntas*, 2018, Editorial Crítica; trad. de David Jou].

Hawking, Stephen, y Mlodinow, Leonard. *A Briefer History of Time*, 2008, Transworld Publishers. [Versión en castellano: *Brevísima historia del tiempo*, 2015, Editorial Crítica; trad. de David Jou].

Heaven, Douglas (editor). *Machines That Think*, 2017, New Scientist/John Murray.

Herculano-Houzel, Suzana. *The Human Advantage*, 2016, MIT Press. [Versión en castellano: *La ventaja humana*, 2018, Biblioteca Buridán; trad. de Josep Sarret Grau].

Heyes, Cecilia. *Cognitive Gadgets: The Cultural Evolution of Thinking*, 2018, Belknap Press, Harvard University.

Hockfield, Susan. *The Age of Living Machines*, 2019, W. W. Norton & Co.

Humphrey, Louise, y Stringer, Chris. *Our Human Story*, 2018, Natural History Museum de Londres.

Jones, Steve. *The Language of the Genes*, 1993, HarperCollins.

—, *Evolution*, 2017, Ladybird.

Lane, Nick. *The Vital Question*, 2015, Profile Books. [Versión en castellano: *La cuestión vital*, 2016, Ariel; trad. de Joandomènec Ros].

Lewis-Williams, David. *The Mind in the Cave*, 2008, Thames & Hudson. [Versión en castellano: *La mente en la caverna*, 2015, Akal; trad. de Enrique Herrando Pérez].

Manco, Jean. *Ancestral Journeys*, 2013, Thames & Hudson.

Marshall, Michael (editor). *Human Origins*, 2018, New Scientist/John Murray.

McEwan, Ian. *Machines Like Me*, 2019, Jonathan Cape. [Versión en castellano: *Máquinas como yo*, 2019, Anagrama; trad. de Jesús Zulaika Goicoechea].

Mithen, Steven. *After the Ice*, 2003, Orion Books.

Moalem, Sharon. *Inheritance: How Our Genes Change Our Lives*, 2014, Sceptre.

—, *The Better Half*, 2020, Penguin Books.

Moore, John T. *Chemistry for Dummies*, 2010, John Wiley & Sons. [Versión en castellano: *Química para Dummies*, 2016, Libros PAPF; trad. de Dulcinea Otero-Piñeiro].

Mukhergee, Siddhartha. *The Gene: An Intimate History*, 2017, Vintage Books. [Versión en castellano: *El gen: una historia personal*, 2017, Debate; trad. de Joaquín Chamorro Mielke].

Nurse, Paul. *What Is Life?*, 2020, David Fickling Books. [Versión en castellano: *¿Qué es la vida?*, 2020, GeoPlaneta Ciencia; trad. de Begoña Olga Merino Gómez].

Papagianni, Dimitra, y Morse, Michael A. *The Neanderthals Rediscovered* [2013], 2.ª ed., 2015, Thames & Hudson.

Ramachandran, V. S. *The Tell-Tale Brain*, 2011, William Heinemann. [Versión en castellano: *Lo que el cerebro nos dice*, 2012, Paidós Ibérica; trad. de Joan Soler Chic].

Rees, Martin. *On the Future*, 2018, Princeton University Press. [Versión en castellano: *En el futuro*, 2019, Crítica; trad. de Joandomènec Ros].

Reich, David. *Who We Are and How We Got Here*, 2018, Oxford University Press. [Versión en castellano: *Quiénes somos y cómo hemos llegado hasta aquí*, 2019, Antoni Bosch Editor; trad. de Dulcinea Otero-Piñeiro].

Rovelli, Carlo. *Seven Brief Lessons in Physics*, 2015, Allen Lane. [Versión en castellano: *Siete breves lecciones de física*, 2016, Anagrama; trad. de Francisco José Ramos Mena].

—, *Reality Is Not What It Seems*, 2016, Allen Lane. [Versión en castellano: *La realidad no es lo que parece*, 2015, Tusquets Editores; trad. de Juan Manuel Salmerón Arjona].

—, *The Order of Time*, 2019, Allen Lane. [Versión en castellano: *El orden del tiempo*, 2020, Anagrama; trad. de Francisco José Ramos Mena].

Schrijver, Karel e Iris. *Living With the Stars*, 2015, Oxford University Press.

Schrödinger, Erwin. *My View of the World*, edición 2009, Cambridge University Press. [Versión en castellano: *Mi concepción del mundo*, 2017, Tusquets Editores; trad. de Jaime Fingerhut].

—, *What Is Life?*, edición 2012, Cambridge University Press. [Versión en castellano: *¿Qué es la vida?*, 2015, Tusquets Editores; trad. de Ricardo Guerrero].

Swan, Frank (editor). *The Universe Next Door*, 2017, New Scientist/John Murray.

Walker, Matthew. *Why We Sleep*, 2017, Allen Lane. [Versión en castellano: *Por qué dormimos*, 2019, Capitán Swing; trad. de Olga Begoña Merino, Pablo Romero, Estela Peña Molatore].

Weinberg, Steven. *To Explain the World*, 2016, Penguin Books. [Versión en castellano: *Explicar el mundo*, 2015, Taurus; trad. de Damián Alou].

Williams, Caroline (ed.). *How Your Brain Works*, 2017, New Scientist/John Murray.

—, (ed.). *Your Conscious Mind*, 2017, New Scientist/John Murray.

Wilson, E. O. *The Meaning of Human Existence*, 2015, Liveright. [Versión en castellano: *El sentido de la existencia humana*, 2016, Gedisa; trad. de Xavier Gaillard Pla].

Wolpert, Lewis. *How We Live and Why We Die*, 2010, Faber & Faber. [Versión en castellano: *Cómo vivimos, por qué morimos*, 2011, Tusquets Editores; trad. de Dulcinea Otero-Piñeiro].

Yong, Ed. *I Contain Multitudes*, 2016, The Bodley Head. [Versión en castellano: *Yo contengo multitudes*, 2017, Debate; trad. de Joaquín Chamorro Mielke].

Otras fuentes útiles de información son: la revista *New Scientist*, la sección Lab Notes de *The Guardian,* las columnas de Carl Zimmer en *The New York Times*, documentales de televisión, en especial Nova, Horizon y los programas de Jim Al Khalili, así como numerosos sitios en internet, como los de BBC, Ted Talks, Quora, Khan Academy, NASA, ThoughtCo y muchos otros.

Agradecimientos

Ante todo estoy en deuda con los autores que relaciono en el apartado de bibliografía de este libro. Sus obras fueron en gran medida mi escuela, y todas las personas que quieran profundizar en los temas tratados aquí, los conocerán y entenderán mejor con su lectura.

También me siento en deuda con las eminencias científicas y profesionales que han tenido la generosidad de revisar los capítulos de este libro y cuyas indicaciones y útiles comentarios contribuyen al rigor y la fiabilidad de esta obra. Cualquier error que haya podido deslizarse es enteramente mío.

El agente Rob Dudley consideró el libro una buena idea y me acogió con entusiasmo; abrió esas puertas que solo son franqueables con un buen guía y encontró un buen destino para la obra. El editor de Duckworth, Pete Duncan, tuvo la valentía de dar una oportunidad a una autora no científica. El trabajo meticuloso de Jan Chamier detectó y ató los cabos sueltos del tejido global. Anthony Lawrence me hizo el favor personal de organizar la parte gráfica.

Otras personas que me han brindado su ayuda y apoyo son Nicholas Bull, Tony Burch, sir David Cooksey, Jane Dorrell, John Lahr, Lee Langley, Lauro Martines, Adam Raphael, Theo Richmond y Bill Tyne.

El esfuerzo conjunto de todas ellas hizo posible este libro.

Índice analítico

Créditos de las imágenes